有機化合物の
スペクトルによる同定法 演習編
第8版

岩澤伸治・豊田真司・村田 滋 著

東京化学同人

序

「有機化合物のスペクトルによる同定法 —— MS, IR, NMR の併用（第 8 版）」（以下本編）が "Spectrometric Identification of Organic Compounds, 8th Edition" の邦訳として 2016 年に出版されてから約 1 年が経過する．原著初版が出版されたのは 1963 年であり，それ以降半世紀以上にわたって版を重ね，世代を越えた多くの読者によって有機化学におけるスペクトルの活用法を学習するための教科書として評価されてきた．スペクトルの基礎知識を十分に修得し，研究などの現場で実践的に活用していくためには，演習を通して理解を深めることが不可欠である．これに対応できるように，本編は問題解決型の教科書として編集され，各章末に多数の問題を掲載している．1 章〜7 章の練習問題および 8 章の演習問題のうち，7 章の一部を除いて問題の解答は本編には含まれていない．読者自身が取組んだ問題の解答を確認してより深く学習するために，解答およびその解説を提供することは有意義である．このような目的で，本編の訳者 3 名により，各問題の解答をまとめた「有機化合物のスペクトルによる同定法 演習編（第 8 版）」（以下演習編）を執筆することにした．演習編としては，2000 年に出版された第 6 版以来となる．

演習編は本編と対応した 1 章〜8 章から構成されている．1 章〜6 章は，各章で扱われたスペクトル〔質量スペクトル（MS），赤外分光法（IR），プロトン NMR 分光法（^{1}H NMR），炭素-13 NMR 分光法（^{13}C NMR），二次元 NMR 分光法（2D NMR）および多核 NMR 分光法〕に関する練習問題の解答であり，スペクトルの帰属や予想，スペクトルに基づく構造決定が主要な内容である．7 章以降は複数種のスペクトルが関係した総合問題であり，比較的易しいものから非常に難しいものまでが含まれている．7 章の「問題の解き方」では，構造解析の一般的なアプローチに従いスペクトルを帰属する問題のうち，本編で解説されていない 2 題分を解説する．8 章の「演習問題」は 43 題からなり，演習編の中心となる章である．問題は三つのグループに分かれ，第一のグループは MS, IR, ^{1}H および ^{13}C NMR を用いた構造決定，第二のグループは上記のスペクトルに加えて 2D NMR を用いた構造決定，第三のグループは複雑な化合物のスペクトルの帰属に関する問題である．これらの問題に対する解答とそれに至る考え方および関連する事項を，できるだけ丁寧に解説した．執筆は 1, 6 章を岩澤が，2, 3, 4 章を村田が，5, 7, 8 章を豊田が担当し，互いに査読を行って各章間ならびに本編との統一を図った．

この演習編は，読者の手元に本編があることを想定して執筆されている．したがって，すべての問題文と多くの図表は，解説に直接必要でない限り省略した．各所で本編の解説や図表を参照しているので，必要に応じて参考にしてほしい．構造決定や帰属の問題では，さまざまなアプローチが可能であるので，標準的な解答例の一つを示したと考えてほしい．このような場合，客観的で確実な証拠を優先して考慮し，可能な場合は複数の証拠で確認し，矛盾のない結論が得られるように構造の候補を絞って

いくとよい．考え方さえ身に付けば，本編に掲載されているデータを多面的に活用することにより，本当に構造がわからない化合物の構造決定にも挑戦できるであろう．

　本書の出版にあたり，"シルバーシュタイン"の名称で全世界に知られるまでの地位を築いた原著の著者である R. M. Silverstein 教授および共著者，国内における"シルバーシュタイン"の普及と定着に長年貢献してきた第 7 版までの訳者である荒木峻教授，益子洋一郎博士，山本修博士，鎌田利紘博士に敬意を表する．

　最後に，東京化学同人編集部の山田豊氏には大変お世話になった．本書の内容をきめ細かく確認してくださり，また多数のスペクトルや図表を巧妙にレイアウトし，わかりやすくかつコンパクトな体裁に仕上げていただいた．ここに深く感謝を表したい．

2017 年 12 月

著者を代表して

豊　田　真　司

目　次

1〜7章 練習問題の解答

質量分析法（1章）……………………………………………1

赤外分光法（2章）……………………………………………10

プロトン NMR 分光法（3章）………………………………13

炭素-13 NMR 分光法（4章）………………………………31

二次元 NMR 分光法（5章）…………………………………50

多核 NMR 分光法（6章）……………………………………84

問題の解き方（7章）…………………………………………89

8章 演習問題（問題 1〜43）の解答……………………………95

1 質量分析法

練習問題の解答

1・1～1・5 化合物 a～o ごとに 5 問をまとめて解答する．1・1 および 1・2 の解答は化合物の構造式とともに示した．

【1・1】 精密質量の計算にあたっては表 1・4 の各元素の同位体の精密質量を用いた．

【1・2】 不足水素指標（IHD）の決定において，炭素，水素，窒素，ハロゲン，酸素，硫黄を含む分子式 $C_nH_mX_xN_yO_z$ をもつ化合物の IHD は，以下の式から求められる（1・5・3 節参照）．

$$\text{IHD} = (n) - \left(\frac{m}{2}\right) - \left(\frac{x}{2}\right) + \left(\frac{y}{2}\right) + 1$$

ここで，2 価の原子（酸素と硫黄）は式に入っていないことに注意しよう．

【1・3～1・5】 化合物 a～o の分子イオンの構造を示し，それに対するおもなフラグメンテーション/転位に関する経路，その根拠となる規則（1・5・4 節参照），およびその機構（矢印を含めて）をまとめて示した．

化合物 a

3-エチルオクタン（$C_{10}H_{22}$）
精密質量：142.1722, IHD = 0

分子イオン

$\xrightarrow{-(C_2H_5^{\bullet})}$ 規則 3

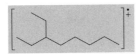

$\xrightarrow{-(C_5H_{11}^{\bullet})}$ 規則 3

$\xrightarrow{-(CH_2=CH_2)}$ 規則 9

化合物 b

3-ブチルシクロヘキセン（$C_{10}H_{18}$）
精密質量：138.1409, IHD = 2

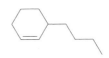

分子イオン

$\xrightarrow{-(C_4H_9^{\bullet})}$ 規則 5,6

$\xrightarrow{-(CH_2=CH_2)}$ 規則 6

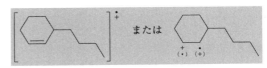

$\xrightarrow{-(C_3H_7^{\bullet})}$ 規則 3

化合物 c

2-メチル-1-フェニルヘキサン-1-オン（$C_{13}H_{18}O$）
精密質量：190.1358, IHD = 5

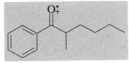

分子イオン

練習問題 1・1〜1・5（つづき）

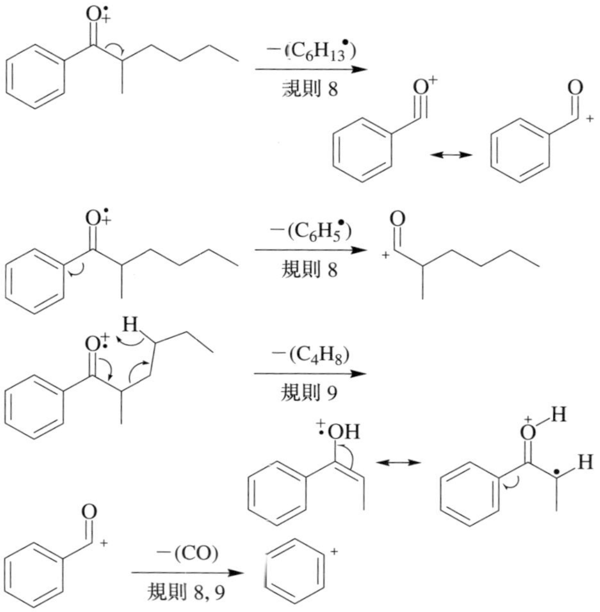

化合物 d

(E)-ウンデカ-3-エン　(C₁₁H₂₂)
精密質量：154.1722，IHD＝1

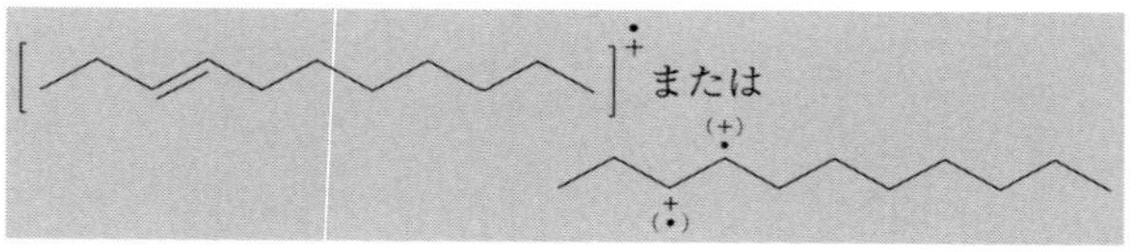

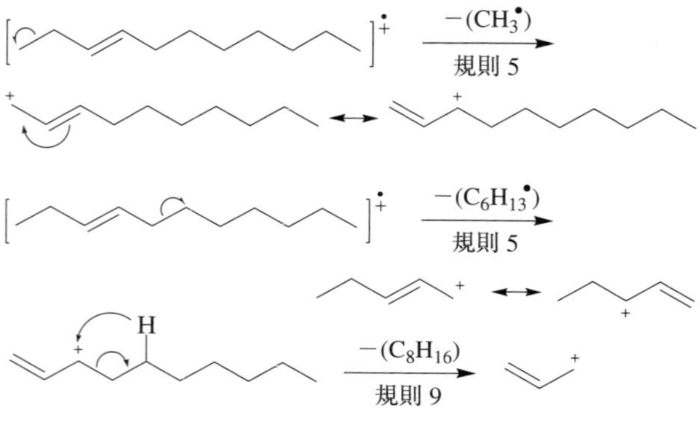

化合物 e

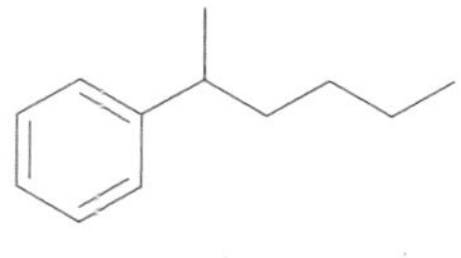

(ヘキサン-2-イル)ベンゼン　(C₁₂H₁₈)
精密質量：162.1409，IHD＝4

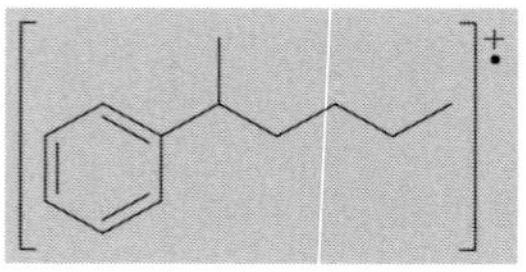

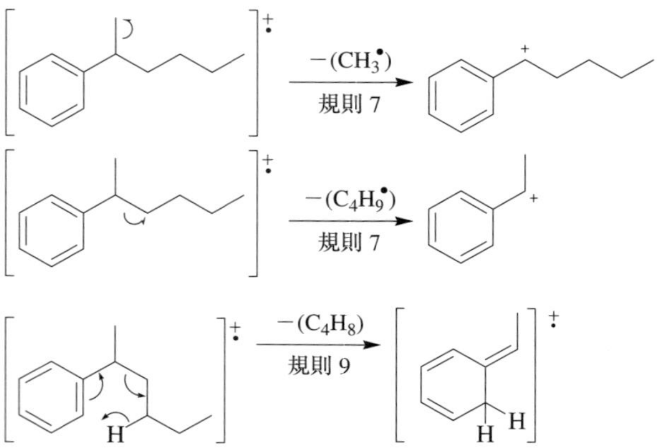

化合物 f

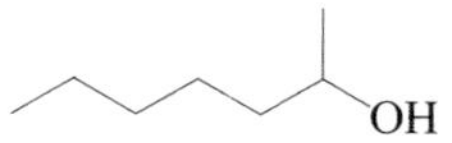

ヘプタン-2-オール　(C₇H₁₆O)
精密質量：116.1201，IHD＝0

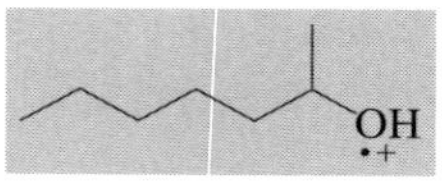

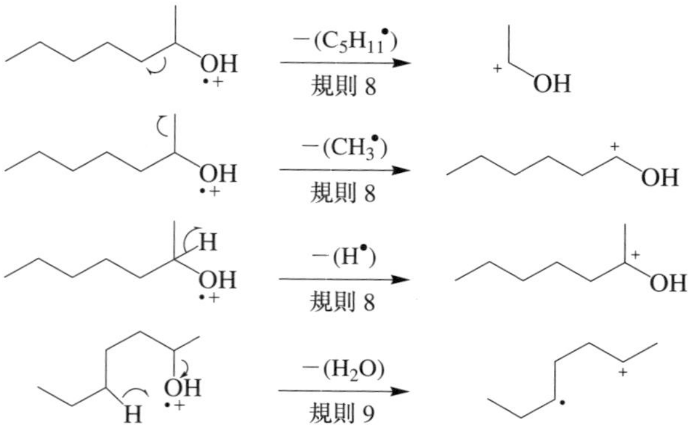

化合物 g

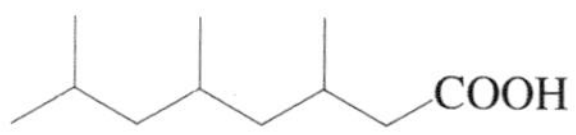

3,5,7-トリメチルオクタン酸　(C₁₁H₂₂O₂)
精密質量：186.1620，IHD＝1

1章練習問題の解答　　　3

練習問題 1・1〜1・5（つづき）

化合物 h
ヘキサン-1-オール（$C_6H_{14}O$）
精密質量：102.1045，IHD＝0

化合物 i
2-メチルヘプタン-2-オール（$C_8H_{18}O$）
精密質量：130.1358，IHD＝0

分子イオン

化合物 j
ブチルプロピルスルフィド（$C_7H_{16}S$）
精密質量：132.0973，IHD＝0

化合物 k
（2-ヘキシルフェニル）メタノール（$C_{13}H_{20}O$）
精密質量：192.1514，IHD＝4

分子イオン

練習問題 1・1〜1・5（つづき）

化合物 l

(4-ニトロフェニル)(フェニル)メタノン
(4-ニトロベンゾフェノン) (C₁₃H₉NO₃)
精密質量：227.0582, IHD＝10

分子イオン

化合物 m

3-(エトキシメチル)ヘプタン (C₁₀H₂₂O)
精密質量：158.1671, IHD＝0

分子イオン

化合物 n

2-ブロモデカナール (C₁₀H₁₉BrO)
精密質量：234.0619, IHD＝1

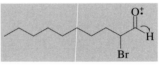

分子イオン

化合物 o

酢酸シクロヘキシル (C₈H₁₄O₂)
精密質量：142.0994, IHD＝2

練習問題 1・1～1・5（つづき）

[分子イオン: シクロヘキシル アセテート構造]

$-(C_6H_{11}O^{\bullet})$ 規則8

$-(CH_3^{\bullet})$ 規則8

$-(CH_2=C=O)$ 規則9

1・6 一般に，質量スペクトルでは，同位体ピーク（1・5・2・1項参照）を除いて最も大きな m/z をもつピークが分子イオンに由来するため，その値から分子の質量が求まる．また，化学イオン化（CI）法では，通常，プロトン付加による [M+1] ピークが最も強く現れる（1・3・1・2項参照）．精密質量（a～w）とスペクトル（A～W）の対応は以下のようになる．

(a)：H，(b)：G，(c)：F，(d)：I，(e)：N，(f)：W，
(g)：R，(h)：E，(i)：L，(j)：M，(k)：A，(l)：T，
(m)：B，(n,o)：K あるいは V，(p)：S，(q)：J，
(r)：D，(s)：O，(t)：P，(u)：U，(v)：C，(w)：Q

1・7 S, Cl, Br を含む分子では特徴的な同位体ピークのパターンを示す．M と M+2 のピークの強度は，1個の Cl を含む分子ではほぼ 3：1 であり，1個の Br を含む分子ではほぼ 1：1 である（1・6・16節参照）．Cl を2個含む場合には M+4 のピークも現れる（表 1・5，図 1・35 参照）．また，1個の S を含む分子では M を 100% とすると，約 4.4% の M+2 のピークが現れる（1・6・15節参照）．

スペクトル P の化合物：1 個の Cl
スペクトル U の化合物：2 個の Cl
スペクトル C, D, Q の化合物：1 個の Br
硫黄 S を含む化合物：該当なし

1・8～1・11 スペクトル A～W ごとに 4 問をまとめて解答する．

【1・8】 2章付録 A から分子式を確定できる．ただし，Cl, Br を含む分子については含まれていないため，表 1・4 から Cl あるいは Br が脱離したフラグメントの精密質量を求め，本付録の該当するフラグメントの式をもとに，分子式が推測できる．

【1・9】 練習問題 1・2 の解説参照．

【1・10】および【1・11】 おもなフラグメントイオンおよび脱離した部分を表にまとめて示した．

下記に示した精密質量は表 1・4 に基づいて計算した値であり，（ ）内は練習問題 1・6 との対応を示している．ただし，両者の値が必ずしも一致していないことに注意されたい．

スペクトル A

分子式：$C_7H_{14}O$
精密質量：114.1045（k）
IHD＝1

基準ピーク：m/z 71，分子イオンピーク：m/z 114

フラグメントイオン m/z	脱離した部分 m/z	転位で生成したイオン
99/$C_6H_{11}O$	15/CH_3	
86/$C_5H_{10}O$	28/C_2H_4	○
71/C_4H_7O	43/C_3H_7	
58/C_3H_6O	56/C_4H_8	○
43/C_3H_7	71/C_4H_7O	

スペクトル B

分子式：$C_7H_{16}O$
精密質量：116.1202（m）
IHD＝0

基準ピーク：m/z 59，分子イオンピーク：m/z 116（CI）

フラグメントイオン m/z	脱離した部分 m/z	転位で生成したイオン
115/$C_7H_{15}O$	1/H	
98/C_7H_{14}	18/H_2O	○
87/$C_5H_{11}O$	29/C_2H_5	
69/C_5H_9	18/H_2O + 29/C_2H_5	○
59/C_3H_7O	57/C_4H_9	
45/C_2H_5O	71/C_5H_{11}	
43/C_3H_7	73/C_4H_9O	
41/C_3H_5	18/H_2O + 57/C_4H_9	○

スペクトル C

分子式：C_7H_7Br
精密質量：169.9731（v）
IHD＝4

基準ピーク：m/z 91，分子イオンピーク：m/z 170

フラグメントイオン m/z	脱離した部分 m/z	転位で生成したイオン
91/C_7H_7	79/^{79}Br	トロピリウムイオン

練習問題 1・8～1・11（つづき）

スペクトル C の表

フラグメントイオン m/z	脱離した部分 m/z	転位で生成したイオン
75/C_6H_3	80/H^{79}Br + 15/CH_3	
65/C_5H_5	79/^{79}Br + 26/C_2H_2	○
50/C_4H_2	120/$C_3H_5^{79}$Br	
39/C_3H_3	131/$C_4H_4^{79}$Br	

スペクトル D

分子式：$C_5H_{11}Br$
精密質量：150.0044（r）
IHD＝0

基準ピーク：m/z 71，分子イオンピーク：m/z 150

フラグメントイオン m/z	脱離した部分 m/z	転位で生成したイオン
121/$C_3H_6^{79}$Br	29/C_2H_5	
107/$C_2H_4^{79}$Br	43/C_3H_7	
71/C_5H_{11}	79/^{79}Br	
55/C_4H_7	80/H^{79}Br + 15/CH_3	○
43/C_3H_7	107/$C_2H_4^{79}$Br	

スペクトル E

分子式：$C_6H_{12}O$
精密質量：100.0888（h）
IHD＝1

基準ピーク：m/z 43，分子イオンピーク：m/z 100

フラグメントイオン m/z	脱離した部分 m/z	転位で生成したイオン
85/C_5H_9O	15/CH_3	
71/C_4H_7O	29/C_2H_5	
58/C_4H_{10}	42/C_2H_2O	○
57/C_3H_5O	43/C_3H_7	
43/C_3H_7	57/C_3H_5O	

スペクトル F

分子式：$C_3H_6O_2$
精密質量：74.0368（c）
IHD＝1

基準ピーク：m/z 74，分子イオンピーク：m/z 74

フラグメントイオン m/z	脱離した部分 m/z	転位で生成したイオン
73/$C_3H_5O_2$	1/H	
57/C_3H_5O	17/OH	
56/C_3H_4O	18/H_2O	○
45/CHO_2	29/C_2H_5	

スペクトル G

分子式：$C_4H_{11}N$
精密質量：73.0892（b）
IHD＝0

基準ピーク：m/z 73，分子イオンピーク：m/z 73

フラグメントイオン m/z	脱離した部分 m/z	転位で生成したイオン
56/C_4H_8	17/NH_3	○
55/C_4H_7	18/NH_4	○
44/C_2H_6N	29/C_2H_5	
43/C_3H_7	30/CH_4N	

スペクトル H

分子式：C_3H_4O
精密質量：56.0262（a）
IHD＝2

基準ピーク：m/z 55，分子イオンピーク：m/z 56（CI）

フラグメントイオン m/z	脱離した部分 m/z	転位で生成したイオン
55/C_3H_3O	1/H	
39/C_3H_3	17/OH	
38/C_3H_2	18/H_2O	

スペクトル I

分子式：$C_3H_7NO_2$
精密質量：89.0477（d）
IHD＝1

基準ピーク：m/z 43，分子イオンピーク：m/z 89（CI）

フラグメントイオン m/z	脱離した部分 m/z	転位で生成したイオン
90/$C_3H_8NO_2$	H 付加	
72/C_3H_6NO	17/OH	○
43/C_3H_7	46/NO_2	
42/C_3H_6	47/HNO_2	○

練習問題 1・8〜1・11（つづき）

スペクトル J

分子式：$C_8H_{10}O_2$
精密質量：138.0681（q）
IHD = 4

基準ピーク：m/z 94，分子イオンピーク：m/z 138

フラグメントイオン m/z	脱離した部分 m/z	転位で生成したイオン
107/C_7H_7O	31/CH_3O	
94/C_6H_6O	44/C_2H_4O	○
77/C_6H_5	61/$C_2H_5O_2$	
66/C_5H_6	72/$C_3H_4O_2$	○
51/C_4H_3	87/$C_4H_7O_2$	
39/C_3H_3	99/$C_5H_7O_2$	

スペクトル K

分子式：$C_8H_{10}O$
精密質量：122.0732（n, o）
IHD = 4

基準ピーク：m/z 94，分子イオンピーク：m/z 122

フラグメントイオン m/z	脱離した部分 m/z	転位で生成したイオン
94/C_6H_6O	28/C_2H_4	○
77/C_6H_5	45/C_2H_5O	
66/C_5H_6	56/C_3H_4O	
51/C_4H_3	71/C_4H_7O	
39/C_3H_3	83/C_5H_7O	

スペクトル L

分子式：$C_5H_{10}O_2$
精密質量：102.0681（i）
IHD = 1

基準ピーク：m/z 43，分子イオンピーク：m/z 102

フラグメントイオン m/z	脱離した部分 m/z	転位で生成したイオン
87/$C_4H_7O_2$	15/CH_3	
74/$C_3H_6O_2$	28/C_2H_4	○
71/C_4H_7O	31/CH_3O	
59/$C_2H_3O_2$	43/C_3H_7	
43/C_3H_7	59/$C_2H_3O_2$	

スペクトル M

分子式：$C_6H_{11}NO$
精密質量：113.0841（j）
IHD = 2

基準ピーク：m/z 113，分子イオンピーク：m/z 113

フラグメントイオン m/z	脱離した部分 m/z	転位で生成したイオン
85/$C_5H_{11}N$	28/CO	○
84/$C_5H_{10}N$	29/CHO	
56/C_4H_8	57/C_2H_3NO	
55/C_4H_7	58/C_2H_4NO	
42/C_3H_6	71/C_3H_5NO	○

スペクトル N

分子式：$C_5H_6N_2$
精密質量：94.0532（e）
IHD = 4

基準ピーク：m/z 94，分子イオンピーク：m/z 94

フラグメントイオン m/z	脱離した部分 m/z	転位で生成したイオン
67/C_4H_5N	27/CHN	
53/C_3H_3N	41/C_2H_3N	
42/C_2H_4N	52/C_3H_2N	
41/C_2H_3N	53/C_3H_3N	
40/C_2H_2N	54/C_3H_4N	

スペクトル O

分子式：$C_8H_8O_3$
精密質量：152.0473（s）
IHD = 5

基準ピーク：m/z 152，分子イオンピーク：m/z 152

フラグメントイオン m/z	脱離した部分 m/z	転位で生成したイオン
135/$C_8H_7O_2$	17/OH	
122/$C_7H_6O_2$	30/CH_2O	○
107/C_7H_7O	45/CHO_2	○
105/C_7H_5O	17/OH + 30/CH_2O	○
92/C_6H_4O	60/$C_2H_4O_2$	○
77/C_6H_5	17/OH + 58/$C_2H_2O_2$	
63/C_5H_3	89/$C_3H_5O_3$	
39/C_3H_3	113/$C_5H_5O_3$	

練習問題 1・8〜1・11（つづき）

スペクトル P

分子式：$C_6H_4ClNO_2$

精密質量：156.9931（t）

IHD＝5

基準ピーク：m/z 75, 分子イオンピーク：m/z 157

フラグメントイオン m/z	脱離した部分 m/z	転位で生成したイオン
141/C_6H_4ClNO	16/O	
127/C_6H_4ClO	30/NO	○
111/C_6H_4Cl	46/NO_2	
99/C_5H_4Cl	58/CNO_2	
75/C_6H_3	46/NO_2 + 36/HCl	○
50/C_4H_2	107/$C_2H_2ClNO_2$	

スペクトル S

分子式：$C_8H_{14}O$

精密質量：126.1045（p）

IHD＝2

基準ピーク：m/z 43, 分子イオンピーク：m/z 126

フラグメントイオン m/z	脱離した部分 m/z	転位で生成したイオン
111/$C_7H_{11}O$	15/CH_3	
108/C_8H_{12}	18/H_2O	○
93/C_7H_9	33/CH_5O	○
83/C_6H_{11}	43/C_2H_3O	
69/C_5H_9	57/C_3H_5O	
58/C_3H_6O	68/C_5H_8	○
55/C_4H_7	71/C_4H_7O	
43/C_2H_3O	83/C_6H_{11}	

スペクトル Q

分子式：$C_7H_{13}BrO_2$

精密質量：208.0099（w）

IHD＝1

基準ピーク：m/z 60, 分子イオンピーク：m/z 208（CI）

フラグメントイオン m/z	脱離した部分 m/z	転位で生成したイオン
191/$C_7H_{12}O^{79}Br$	17/OH	
149/$C_5H_{10}^{79}Br$	59/$C_2H_3O_2$	
129/$C_7H_{13}O_2$	79/^{79}Br	
111/$C_7H_{11}O$	79/^{79}Br + 18/H_2O	○
83/C_6H_{11}	125/$CH_2^{79}BrO_2$	○
60/$C_2H_4O_2$	148/$C_5H_9^{79}Br$	○

スペクトル T

分子式：$C_6H_{12}O_2$（l）

精密質量：116.0837

IHD＝1

基準ピーク：m/z 60, 分子イオンピーク：m/z 116（CI）

フラグメントイオン m/z	脱離した部分 m/z	転位で生成したイオン
87/$C_4H_7O_2$	29/C_2H_5	
73/$C_3H_5O_2$	43/C_3H_7	
60/$C_2H_4O_2$	56/C_4H_8	○
45/CHO_2	71/C_5H_{11}	

スペクトル R

分子式：$C_6H_{10}O$

精密質量：98.0732（g）

IHD＝2

基準ピーク：m/z 70, 分子イオンピーク：m/z 98

フラグメントイオン m/z	脱離した部分 m/z	転位で生成したイオン
97/C_6H_9O	1/H	
83/C_5H_7O	15/CH_3	
79/C_6H_7	19/H_3O	
70/C_4H_6O	28/C_2H_4	

スペクトル U

分子式：$C_6H_4Cl_2O$（u）

精密質量：161.9640

IHD＝4

基準ピーク：m/z 162, 分子イオンピーク：m/z 162

フラグメントイオン m/z	脱離した部分 m/z	転位で生成したイオン
126/$C_6H_3O^{35}Cl$	36/$H^{35}Cl$	○
98/$C_5H_3^{35}Cl$	64/$CHO^{35}Cl$	○
63/C_5H_3	99/$CHO^{35}Cl_2$	

練習問題 1・8〜1・11（つづき）

スペクトル V

分子式：$C_8H_{10}O$
精密質量：122.0732（n, o）
IHD＝4

基準ピーク：m/z 122, 分子イオンピーク：m/z 122

フラグメントイオン m/z	脱離した部分 m/z	転位で生成したイオン
121/C_8H_9O	1/H	
107/C_7H_7O	15/CH_3	
91/C_7H_7	31/CH_3O	
77/C_6H_5	45/C_2H_5O	
65/C_5H_5	57/C_3H_5O	

スペクトル W

分子式：C_6H_8O
精密質量：96.0575（f）
IHD＝3

基準ピーク：m/z 68, 分子イオンピーク：m/z 96

フラグメントイオン m/z	脱離した部分 m/z	転位で生成したイオン
68/C_4H_4O	28/C_2H_4	○
55/C_3H_3O	41/C_3H_5	
53/C_4H_5	43/C_2H_3O	
42/C_2H_2O	54/C_4H_6	○

これらの質量スペクトル **A**〜**W** に対応する化合物の構造決定については練習問題 2・9 に関連し，最終的に練習問題 3・4 および 4・4 で取扱う．

2 赤外分光法

練習問題の解答

2・1 フックの法則を適用すると，分子 A-B の伸縮振動の波数 $\tilde{\nu}$ (cm^{-1}) と力の定数 f ($N\,m^{-1}$) の間には式(1)の関係がある．なお，N（ニュートン）は力の単位であり，$N = kg\,m\,s^{-2}$ である．また，1 N は 10^5 dyn に等しい．

$$\tilde{\nu} = \frac{1}{2\pi c}\sqrt{\frac{f}{\mu}} \quad (1)$$

したがって，f は式(2)によって求めることができる．

$$f = (2\pi c \tilde{\nu})^2 \mu \quad (2)$$

ここで，μ (kg) は換算質量であり，原子 A，B の質量をそれぞれ m_A，m_B とすると，式(3)で表される．

$$\mu = \frac{m_A m_B}{m_A + m_B} \quad (3)$$

原子の質量 (kg) は，原子の同位体質量（単位：原子質量単位 u）と原子質量定数（1.6605×10^{-27} kg）の積で与えられる．また，c は光速（$2.9979 \times 10^{10}\,cm\,s^{-1}$），$\pi$ は円周率（3.1416）である．

問題に与えられた波数（cm^{-1}），および H の同位体質量（1.0078 u）とそれぞれのハロゲン原子の同位体質量から換算質量を求め，さらに式(2)を用いてハロゲン化水素の伸縮振動の力の定数 f を得る．結果を表1に示す．

表1 ハロゲン化水素の伸縮振動の力の定数の算出

分子	HF	$H^{35}Cl$	$H^{79}Br$	$H^{127}I$
波数 $\tilde{\nu}$ (cm^{-1})	4148.3	2988.9	2649.7	2309.5
ハロゲン原子の同位体質量 (u)	18.9984	34.9689	78.9183	126.9045
ハロゲン化水素の換算質量 μ (u)	0.95703	0.97957	0.99509	0.99986
力の定数 f ($N\,m^{-1}$)	970.29	515.58	410.99	314.20

ハロゲン化重水素の伸縮振動の波数 $\tilde{\nu}$ (cm^{-1}) は，重水素の同位体質量（2.0141 u）と表1の力の定数 f を用いて，式(1)から計算する．結果を表2に示す．

表2 ハロゲン化重水素の伸縮振動の波数の算出

分子	DF	$D^{35}Cl$	$D^{79}Br$	$D^{127}I$
ハロゲン化重水素の換算質量 μ (u)	1.8210	1.9044	1.9640	1.9826
波数 $\tilde{\nu}$ (cm^{-1})	3007.3	2143.6	1884.7	1640.1

2・2 赤外吸収スペクトルを示す分子：(a) CH_3CH_3，(b) CH_4，(c) CH_3Cl

赤外吸収スペクトルには，分子の振動のうち，分子全体の双極子モーメントの変化をひき起こす振動だけが観測される．(d) 窒素 N_2 の $N \equiv N$ 結合の伸縮振動は，振動によって双極子モーメントが変化しないため，赤外吸収スペクトルには観測されない．

2・3 n 個の原子から構成される分子の基準振動の数は，非直線分子では $3n-6$，直線分子では $3n-5$ である．

(a) C_6H_6 は 12 個の原子をもち非直線分子であるから，基準振動の数は，$3 \times 12 - 6 = 30$ 個

(b) $C_6H_5CH_3$ は 15 個の原子をもち非直線分子であるから，基準振動の数は，$3 \times 15 - 6 = 39$ 個

(c) $HC \equiv C-C \equiv CH$ は 6 個の原子をもち直線分子であるから，基準振動の数は，$3 \times 6 - 5 = 13$ 個

2・4 アルキル置換ベンゼンの結合様式は，800～600 cm^{-1} の領域に現れる C-H 面外変角振動の吸収パターンで帰属できる場合がある（2章付録 B 参照）．二置換ベンゼンでは，o-置換体は 750 cm^{-1} 付近に 1 個，m-置換体は 800～700 cm^{-1} に 2 個，p-置換体は 800 cm^{-1} に 1 個の吸収が現れる．これを適用すると，(a) は o-キシレン，(b) は m-キシレン，(c) は p-キシレンと推定される．

2・5 f. と h. の 3000 cm^{-1} の幅広い吸収は O-H 伸縮振動に帰属されるので，これらはカルボン酸である．1700 cm^{-1} 付近の C=O 伸縮振動が低波数側にある h. が，C=O がベンゼン環と共役している安息香酸と推定される．

b. と i. の 3300 cm^{-1} 付近の吸収は NH_2 の N-H 伸縮振動に帰属され，1635 cm^{-1} に C=O 伸縮振動に帰属される吸収をもつ i. がベンズアミドと推定される．

a. の 2230 cm^{-1} は $C \equiv N$ の特性吸収，c. の 1315 と 1155 cm^{-1} は O=S=O の特性吸収，また e. の 1550 と 1386 cm^{-1} は NO_2 の特性吸収である（図2・6参照）．

残った d. と g. のうち，d. の 1120 cm^{-1} は脂肪族エーテルに特徴的な逆対称 C-O-C 伸縮振動に帰属される．g. は官能基による特性吸収がなく，700 cm^{-1} 付近に芳香環 C-H 面外変角振動に帰属される吸収をもつことから，芳

香族炭化水素である．

以上の結果から，赤外吸収帯 a～i のそれぞれの組に対応する化合物は下記のようになる．

a. ベンゾニトリル
b. イソブチルアミン
c. ジフェニルスルホン
d. ジオキサン
e. 1-ニトロプロパン
f. ギ酸
g. ビフェニル
h. 安息香酸
i. ベンズアミド

2・6

ブタン酸 1725 cm^{-1}
ブタン酸エチル 1740 cm^{-1}
ブタン酸無水物 1750, 1825 cm^{-1}

ブタン酸（酪酸）とブタン酸エチルはそれぞれ 1 個のカルボニル基をもち，その基準伸縮振動に由来する単一の吸収が観測される．ブタン酸に比べてブタン酸エチルが高波数側に現れるのは，C=O 基に結合した酸素原子の電子求引性誘起効果によるものである．すなわち，カルボン酸誘導体は次のような共鳴混成体として存在するが，X の電子求引性が高まると極限構造 II の寄与が減少するため，C=O の二重結合性が増大し力の定数も大きくなる．

$$R-\underset{I}{C(=O)}-X \longleftrightarrow R-\underset{II}{C(-O^-)(=X^+)}$$

一方，ブタン酸無水物が二つの吸収を与えるのは，同じ酸素原子に結合した 2 個のカルボニル基の間で強いカップリング（力学的な相互作用）が起こるためである．二つの吸収は，それぞれ対称伸縮振動と逆対称伸縮振動に帰属される．

2・7 "結合音振動" とは複数の基準振動の相互作用により，それらの基準振動数の和の位置に現れる振動をいう．対称性のために観測されない基準振動も適切な対称性をもつ他の基準振動との相互作用により，結合音振動を与えることがある．芳香族化合物の 2000～1700 cm^{-1} に現れる弱い吸収帯は，結合音振動に帰属される．一方，"倍音振動" は，ある特定の基準振動数の倍数の位置に現れる振動である．調和振動子では振動量子数が 1 だけ変化する遷移（$\Delta \nu = 1$）が許容されるが，振動の非調和性により $\Delta \nu = 2, 3, \cdots$ に相当する遷移も観測されることがある．これが倍音振動であり，赤外吸収スペクトルでは $\Delta \nu = 2$ に相当する微弱な吸収が基準振動数のほぼ 2 倍の位置に観測される．代表的なものにカルボニル基の伸縮振動の倍音振動がある．一般的なカルボニル基の伸縮振動の波数は 1715 cm^{-1} であるので，その倍音振動は 3420 cm^{-1} 付近に観測される．

2・8 表 2・10 を参照して解答する．一般に，P=O 基に結合した置換基の電気陰性度，および電気陰性置換基の数が増大するとともに，P=O 基の伸縮振動は高波数側へ移動する．元素の電気陰性度は C(2.55) < O(3.44) < F(3.98)（括弧内はポーリングの電気陰性度の値）の順に増大するので，問題の分子の置換基のうち電気陰性度が最も大きいものは F，最も小さいものは CH$_3$ となる．酸素が結合した置換基 OCH$_3$，OCH$_2$CH$_3$，OC$_6$H$_5$ の電気陰性度の差は小さいが，CH$_3$ 基の電子供与性誘起効果により CH$_2$CH$_3$ の方が CH$_3$ よりも電子供与性が大きいこと，およびフェニル基 C$_6$H$_5$ は電子求引性誘起効果をもつことを考慮すると，それらの電気陰性度は OCH$_2$CH$_3$ < OCH$_3$ < OC$_6$H$_5$ の順に増大すると考えられる．したがって，P=O 伸縮振動の振動数は次の順に増大すると推定される．

O=P(CH$_3$)$_3$ < O=P(CH$_3$)$_2$(OCH$_2$CH$_3$) < O=P(CH$_3$)$_2$(OCH$_3$) < O=P(CH$_3$)(OCH$_2$CH$_3$)$_2$ < O=P(OCH$_3$)$_3$ < O=P(OCH$_3$)$_2$(OC$_6$H$_5$) < O=P(OCH$_3$)$_2$F

2・9 図 2・6 を参照して解答する．図に示された特性

吸収帯における吸収の有無によって，それぞれの官能基の有無を判定する．それぞれの赤外スペクトルから存在すると判定された官能基のみを，その判定に用いられた吸収の波数とともに示す．

A：C＝O（1712 cm^{-1}）
B：OH（3500〜3200 cm^{-1}）
C：芳香環（1489, 802 cm^{-1}）
D：特性吸収を示す官能基はない
E：C＝O（1720 cm^{-1}）
F：OH（3500〜2500 cm^{-1}），C＝O（1716 cm^{-1}）
G：NH$_2$（3309 cm^{-1}）
H：OH（3500〜3100 cm^{-1}），C≡C（2121 cm^{-1}）
I：NO$_2$（1558, 1381 cm^{-1}）
J：OH（3500〜3100 cm^{-1}），芳香環（1601, 1496, 756, 690 cm^{-1}）
K：芳香環（1601, 1469, 752, 690 cm^{-1}）
L：C＝O（1759 cm^{-1}）
M：NH（3500〜3300 cm^{-1}），C＝O（1662 cm^{-1}）
N：芳香環（1473, 1396, 833 cm^{-1}）
O：OH（3300〜2800 cm^{-1}），C＝O（1682 cm^{-1}），芳香環（1585, 748 cm^{-1}）
P：NO$_2$（1516, 1342 cm^{-1}），芳香環（849, 741 cm^{-1}）
Q：OH（3500〜2500 cm^{-1}），C＝O（1709 cm^{-1}）
R：OH（3600〜3100 cm^{-1}），C≡C（2117 cm^{-1}）
S：C＝O（1716 cm^{-1}）
T：OH（3400〜2500 cm^{-1}），C＝O（1712 cm^{-1}）
U：OH（3700〜3100 cm^{-1}），芳香環（1577, 1450, 771 cm^{-1}）
V：OH（3600〜3200 cm^{-1}），芳香環（1477, 756 cm^{-1}）
W：C＝O（1685 cm^{-1}）

3 プロトン NMR 分光法

練習問題の解答

3・1〜3・3 化合物 a〜o ごとに 3 問をまとめて解答する．それぞれの化合物について，構造式に示すように各炭素に番号をつけ，たとえば "炭素 1" に結合しているプロトンを "スピン 1" と表す．練習問題 3・2 の化学シフトの予測値は，そのシグナルの多重度と積分強度とともに表にまとめて示す．多重度は一重線を 1，二重線を 2，三重線を 3 などと表記する．表の "資料" はその化学シフトの予測に使用した資料であり，3 章付録の図や表を参照して予測したことを意味する．スペクトルは化学シフトの予測値が小さい順に右から左へと並べたものであり，各シグナルの全体としての強度は表の積分強度を反映してはいない．各シグナルの分裂の幅はすべて同一と仮定し，分裂したそれぞれのピークの相対強度はパスカルの三角形の規則を仮定して描いてある．スペクトルの下に付した数字は，それぞれのピークの帰属を表す．

化合物 a

1-ブロモブタン

【3・1】 スピン 1〜4 は一つのスピン系を形成している．スピン 1〜3 のそれぞれ 2 個のプロトンはエナンチオトピックである．Pople 表示法では $A_3M_2S_2X_2$ と表示される．

【3・2】 スピン 2 はスピン 1 の 2 個のプロトン，スピン 3 の 2 個のプロトンとカップリングするが，そのカップリング定数は 7 Hz 程度とほとんど同じであるため，4 個の隣接プロトンと等しくカップリングした形状の五重線となる．同様に，スピン 3 は六重線となる．吸収線の相対強度は図 3・22 を参照．

スピン	化学シフト (ppm)	資料（付録）	多重度	積分強度
1	3.40	図 A・1	3	2
2	1.85	図 A・2	5	2
3	1.20	図 A・1	6	2
4	0.85	図 A・1	3	3

【3・3】

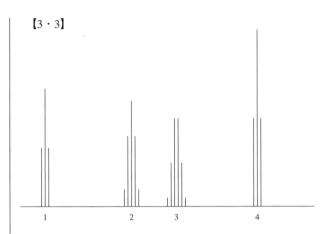

化合物 b

酢酸(シクロヘキサ-2-エン-1-イル)メチル

【3・1】 スピン 1〜7 は一つのスピン系を形成し，スピン 9 は独立したスピン系である．炭素 1 が不斉炭素原子であるため，スピン 4, 5, 6, 7 のそれぞれ 2 個のプロトンはジアステレオトピックである．

【3・2】 スピン 1 はスピン 2, 6, 7 とカップリングし，それぞれカップリング定数は異なるはずであるが，近似的に等しいものとして多重度を求めてある．スピン 2, 3 についても同様である．また，スピン 4, 5, 6, 7 のそれぞれ 2

スピン	化学シフト (ppm)	資料（付録）	多重度	積分強度
1	2.80	図 A・2	6	1
2	5.59	図 D・2	3	1
3	5.59	図 D・2	4	1
4	1.96	図 D・2	4	2
5	1.65	図 D・2	4	2
6	1.80	図 A・2	3	2
7	4.05	図 A・2	2	2
9	2.10	図 A・1	1	3

練習問題 3・1〜3・3（つづき）
個のプロトンはジアステレオトピックであるから，それらは互いにカップリングするが，前ページの表の多重度ではそのカップリングは考慮されていない．

【3・3】

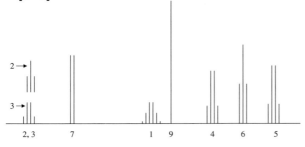

（【3・2】に述べた理由により，スピン 1〜7 の吸収線の実際の形状はもっと複雑になる．）

化合物 c

1-(シクロヘキサ-1,5-ジエン-1-イル)-3-ヒドロキシ-2-メチルプロパン-1-オン

【3・1】 スピン 2〜6 は一つのスピン系を形成し，8, 9, 10 は別のスピン系を形成する．炭素 8 がキラル中心であり，スピン 3, 4, 9 のそれぞれ 2 個のプロトンはジアステレオトピックである．

【3・2】 スピン 3 はスピン 2, 4 とカップリングし，それぞれカップリング定数は異なるはずであるが，近似的に等しいものとして多重度を求めてある．スピン 4, 5 についても同様である．また，スピン 3, 4, 9 のそれぞれ 2 個のプロトンはジアステレオトピックであるから，それらは互いにカップリングするが，下表の多重度ではそのカップリングは考慮されていない．

スピン	化学シフト (ppm)	資料（付録）	多重度	積分強度
2	6.68	図 D・1	3	1
3	2.05	図 A・1	4	2
4	2.05	図 A・1	4	2
5	5.68	図 D・1	4	1
6	6.22	図 D・1	2	1
8	2.65	図 A・1	6	1
9	3.20	図 A・1	2	2
10	1.05	図 A・2	2	3
OH	0.5〜4.0	E	1（広幅）	1

【3・3】

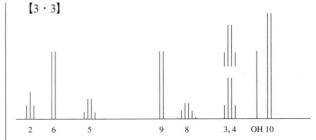

（【3・2】に述べた理由により，スピン 3〜5, 9 の吸収線の実際の形状はもっと複雑になる．）

化合物 d

ペンタ-1-イン

【3・1】 スピン 3〜5 は一つのスピン系を形成し，Pople 表示法では $A_3M_2X_2$ となる．スピン 1 は独立したスピン系である．ただし，スピン 1 とスピン 3 との間に遠隔カップリングが観測される場合には，全体が一つのスピン系となる．

【3・2】 下表ではスピン 1 とスピン 3 との間の遠隔カップリングは考慮していない．これらの間に 1.5 Hz 程度の遠隔カップリングが観測される場合がある．この場合には，スピン 1 は二重線，スピン 3 は三重線のそれぞれがさらに二つに分裂した形状となる．

スピン	化学シフト (ppm)	資料（付録）	多重度	積分強度
1	1.80	図 D・3	1	1
3	2.20	図 A・1	3	2
4	1.50	図 A・2	6	2
5	0.85	図 A・2	3	3

【3・3】

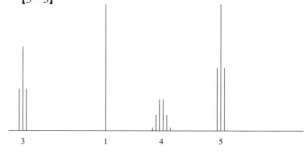

（スピン 1 とスピン 3 の間の遠隔カップリングは考慮していない．）

練習問題 3・1～3・3（つづき）

化合物 e

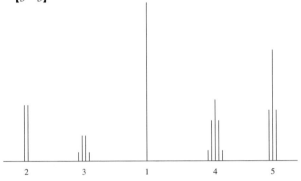

ヘキサ-3-エン-2-オン

【3・1】 スピン 3～6 は一つのスピン系を形成し，Pople 表示法では A_3G_2MX と表記される．スピン 5 の 2 個のプロトンはエナンチオトピックである．スピン 1 は独立したスピン系である．

【3・2】 スピン 4 はスピン 3，5 とカップリングし，それぞれカップリング定数は異なるはずであるが，近似的に等しいものとして多重度を求めてある．スピン 5 も同様である．

スピン	化学シフト (ppm)	資料（付録）	多重度	積分強度
1	1.86	図 D・2	1	3
3	6.09	図 D・1	2	1
4	6.82	図 D・1	4	1
5	2.05	図 A・1	5	2
6	1.00	図 A・2	3	3

【3・3】

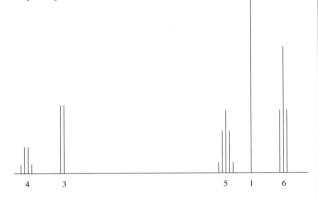

（【3・2】に述べた理由により，スピン 4，5 の吸収線の実際の形状はもっと複雑になる．）

化合物 f

1-メトキシブタ-1-エン

【3・1】 スピン 2～5 は一つのスピン系を形成し，Pople 表示法では A_3G_2MX と表記される．スピン 4 の 2 個のプロトンはエナンチオトピックである．スピン 1 は独立したスピン系である．

【3・2】 スピン 3 はスピン 2，4 とカップリングし，それぞれカップリング定数は異なるはずであるが，近似的に等しいものとして多重度を求めてある．スピン 4 も同様である．

スピン	化学シフト (ppm)	資料（付録）	多重度	積分強度
1	3.20	図 A・1	1	3
2	6.14	図 D・1	2	1
3	4.63	図 D・1	4	1
4	2.05	図 A・1	5	2
5	1.00	図 A・2	3	3

【3・3】

（【3・2】に述べた理由により，スピン 3，4 の吸収線の実際の形状はもっと複雑になる．）

化合物 g

N-メチルカルバミン酸プロピル

【3・1】 スピン 3～5 は一つのスピン系を形成し，Pople 表示法では $A_3M_2X_2$ と表示される．スピン 3，4 のそれぞれの 2 個のプロトンはエナンチオトピックである．スピン 1 は独立したスピン系である．

【3・2】 スピン 1 は NH プロトンとの約 5 Hz のカップリング定数で二重線に分裂する場合がある．NH プロトンとのカップリングについては 3・6・2 節を参照．下表ではそのカップリングは考慮していない．

スピン	化学シフト (ppm)	資料（付録）	多重度	積分強度
1	2.95	図 A・1	1	3
3	4.10	図 D・1	3	2
4	1.60	図 A・2	6	2
5	0.85	図 A・1	3	3
NH	4.5～7.5	E	1（広幅）	1

練習問題 3・1~3・3(つづき)

【3・3】

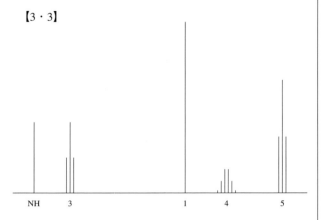

(スピン1とNHプロトンとの間のスピンカップリングは考慮していない.)

化合物 h

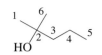
ジエトキシメタン

【3・1】 スピン1と2は一つのスピン系を形成し、Pople 表示法では A_3X_2 と表示される. スピン2の2個のプロトンはエナンチオトピックである. スピン3は独立したスピン系である.

【3・2】

スピン	化学シフト (ppm)	資料 (付録)	多重度	積分強度
1	1.20	図A・2	3	6
2	3.40	図A・1	4	4
3	4.95	表B・1	1	2

【3・3】

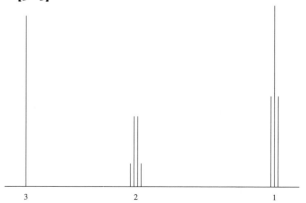

化合物 i

2-メチルペンタン-2-オール

【3・1】 スピン3~5は一つのスピン系を形成し、Pople 表示法では $A_3M_2X_2$ と表示される. スピン3,4のそれぞれ2個のプロトンはエナンチオトピックである. スピン1, スピン6はそれぞれ独立したスピン系である.

【3・2】

スピン	化学シフト (ppm)	資料 (付録)	多重度	積分強度
1,6	1.20	図A・2	1	6
3	1.50	図A・2	3	2
4	1.20	図A・1	6	2
5	0.85	図A・2	3	3
OH	0.5~4.0	E	1	1

【3・3】

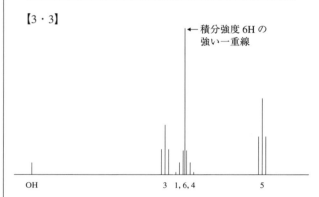

化合物 j

1,4-ビス(メチルチオ)ブタン

【3・1】 スピン 2, 2', 3, 3' が一つのスピン系を形成し、スピン 1, 1' はそれぞれ独立したスピン系である. スピン 2 と 2', スピン 3 と 3' はそれぞれ、化学的に等価であるが、磁気的には等価ではない. さらに、スピン 2, スピン 3 のそれぞれ2個のプロトンも化学的に等価であるが、磁気的には等価ではない. スピン 2 とスピン 3 の CH_2CH_2 のスピン系は、Pople 表示法では AA'XX' と表示される.

【3・2】 次の表では上述したスピン 2, 2', 3, 3' における磁気的な非等価性は考慮せず、一次で解析した多重度を示した.

練習問題 3・1〜3・3（つづき）

スピン	化学シフト (ppm)	資料（付録）	多重度	積分強度
1, 1'	2.10	図 A・1	1	6
2, 2'	2.60	図 A・1	3	4
3, 3'	1.60	図 A・2	5	4

【3・3】

（【3・1】に述べた理由により，スピン 2, 2' および 3, 3' の吸収線の実際の形状はもっと複雑になる．）

化合物 k

N,N,4-トリメチルベンズアミド

【3・1】 スピン 2, 2', 3, 3' は一つのスピン系を形成する．スピン 2 と 2'，スピン 3 と 3' は化学的に等価であるが，磁気的には等価ではない．スピン 2, 2', 3, 3' は Pople 表示法では，AA'XX' と表示される．スピン 6, 7, 8 はそれぞれ独立のスピン系である．炭素 5 と N の結合が部分二重結合性をもつため回転が束縛され，スピン 6 と 7 はジアステレオトピックとなる．

【3・2】 付録図 D・1 には C(=O)NR$_2$ がないので，スピン 2, 2', 3, 3' の化学シフトの予測には C(=O)OH の値を用いている．また，上述したスピン 2, 2', 3, 3' における磁気的な非等価性は考慮せず，一次で解析した多重度を示した．さらに，スピン 6, 7 がジアステレオトピックであることも考慮されていない．

スピン	化学シフト (ppm)	資料（付録）	多重度	積分強度
2, 2'	7.80	図 D・1	2	2
3, 3'	7.25	図 D・1	2	2
6, 7	2.95	図 A・1	1	6
8	2.25	図 A・1	1	3

【3・3】

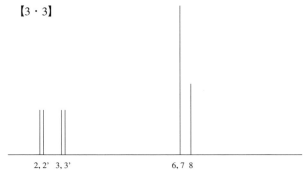

（【3・1】に述べた理由により，スピン 2, 2' および 3, 3' の吸収線の実際の形状はもっと複雑になる．また，スピン 6, 7 の吸収線は等強度の 2 本の一重線として観測される．）

化合物 l

1-(2-ヒドロキシフェニル)エタノン

【3・1】 スピン 3〜6 は一つのスピン系を形成し，ABCD と表示される．スピン 8 は単独のスピン系である．

【3・2】 メタ位，あるいはパラ位にあるプロトンの間に遠隔カップリングが観測されることがあるが，下表では考慮していない．

スピン	化学シフト (ppm)	資料（付録）	多重度	積分強度
3	6.85	図 D・1	2	1
4	7.05	図 D・1	3	1
5	7.25	図 D・1	3	1
6	7.70	図 D・1	2	1
8	2.40	図 A・1	1	3
OH	5.5〜12.5	E	1（広幅）	1

【3・3】

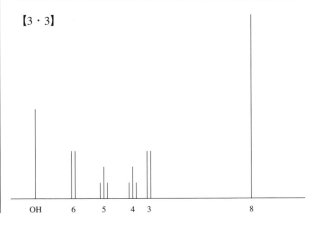

練習問題 3・1～3・3（つづき）
（【3・2】に述べた理由により，スピン 3～6 の吸収線の実際の形状はもっと複雑になる．）

化合物 m

2-クロロアセトアルデヒド

【3・1】 スピン 1 と 2 で一つのスピン系を形成する．Pople 表示法では A_2X と表示される．スピン 1 の 2 個のプロトンはエナンチオトピックである．

【3・2】 スピン 1 の化学シフトの予測には，付録図 A・1 から $ClCH_2$ に対して 3.45 ppm を求め，付録表 B・1 の $-C(=O)R$ に対する置換基定数 1.50 を用いた．

スピン	化学シフト (ppm)	資料（付録）	多重度	積分強度
1	4.95	図 A・1 表 B・1	2	2
2	9.70	図 D・6	3	1

【3・3】

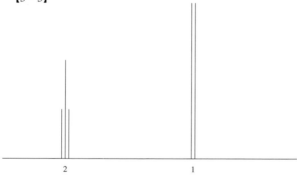

化合物 n

フルオロエテン

【3・1】 プロトン 1～3 と F で一つのスピン系を形成する．^{19}F は天然存在比 100 % で，スピン量子数 1/2 をもつ．プロトン Pople 表示法では AGMX と表記される．ここで X は F を表す．

【3・2】 付録表 D・1 には $-F$ の置換基定数がないが，gem 1.54, cis -0.40, trans -1.02 と仮定し，これらの値と，エチレンの化学シフト 5.25 ppm からプロトン 1～3 の化学シフトを予測する．また，カップリング定数は付録 F を参照すると，$J_{H3-F} > J_{H2-F} \geq J_{H1-H3} \geq J_{H1-F} \geq J_{H2-H3}$ の関係があり，$J_{H1-H2} \approx 0$ である．これらのデータから，それぞれのシグナルの多重度を予測する．なお，2×2 は 2 本に分裂した吸収線のそれぞれがさらに 2 本に，$2 \times 2 \times 2$ は 2×2 の吸収線のそれぞれがさらに 2 本に分裂していることを示す．

プロトン	化学シフト (ppm)	資料（付録）	多重度	積分強度
1	4.85	なし	2×2	1
2	4.23	なし	2×2	1
3	6.79	なし	2×2×2	1

【3・3】

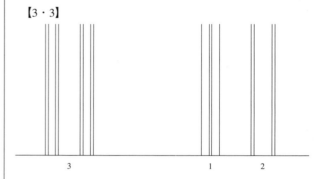

化合物 o

酢酸シクロヘキシル

【3・1】 スピン 1, 2, 2', 3, 3', 4 で一つのスピン系を形成する．スピン 2, 2', 3, 3', 4 のそれぞれ 2 個のプロトンはジアステレオトピックである．スピン 2 と 2'，およびスピン 3 と 3' はそれぞれ化学的に等価である．スピン 6 は単独のスピン系である．

【3・2】 スピン 2, 2', 3, 3', 4 のそれぞれの 2 個のプロトンはジアステレオトピックであるから，それらは互いにカップリングするが，下表の多重度ではそのカップリングは考慮されていない．

スピン	化学シフト (ppm)	資料（付録）	多重度	積分強度
1	4.95	図 A・1	5	1
2, 2'	1.60	図 A・2	4	4
3, 3'	1.44	表 C・1	5	4
4	1.44	表 C・1	5	2
6	2.00	図 A・1	1	3

3章練習問題の解答

練習問題 3・1〜3・3（つづき）

【3・3】

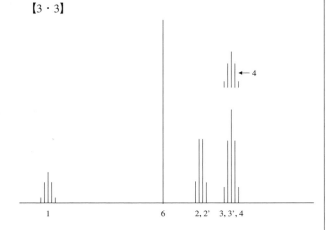

（【3・2】に述べた理由により，スピン 2, 2', 3, 3', 4 の吸収線の実際の形状はもっと複雑になる．）

3・4〜3・6 スペクトル A〜W ごとに 3 問をまとめて解答する．化合物の構造決定は，各種のスペクトルから得られる情報を総合して行われるものである．ここではまず，各化合物について示された ^{1}H NMR スペクトルから得られる情報を記す．さらに，1 章（練習問題 1・6）と 2 章（練習問題 2・9）にそれぞれ示された質量スペクトル（**MS**）と赤外スペクトル（**IR**）から得られる情報を考慮して最終的に決定された化合物の構造式を示し，^{1}H NMR スペクトルに現れたシグナルの帰属を示す．なお，前問と同様，"炭素 1" に結合しているプロトンを "スピン 1" と表す．$\Delta\nu_{12}$，J_{12} はそれぞれ，スピン 1 と 2 の間の化学シフト差（Hz）とカップリング定数（Hz）を表す．

スペクトル A

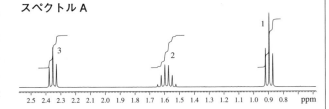

【3・4】 0.90 ppm は隣接した CH_2 をもつ $\underline{CH_3}$（下線は注目しているシグナルに帰属されるプロトンを表す．以下同様）である．2.36 ppm は隣接した CH_2 をもつ $\underline{CH_2}$ に帰属され，非遮蔽された領域にあることから $\underline{CH_2}CH_2Z$（Z は電気陰性基）と推定される．1.58 ppm は六重線であることから $CH_3\underline{CH_2}CH_2$ と矛盾しないので，$CH_3CH_2CH_2X$ の構造が示唆される．**MS** から分子式 $C_7H_{14}O$ が得られており，**IR** から C=O の存在が明らかなので Z は C=O と判明し，構造が決定される．

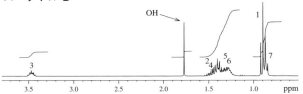

ヘプタン-4-オン

【3・5】 それぞれの多重線の $\Delta\nu/J$ は，$\Delta\nu_{12}/J_{12} = [(1.58-0.90) \times 300]/7 = 29$，$\Delta\nu_{23}/J_{23} = [(2.36-1.58) \times 300]/7 = 33$ である．

【3・6】 このスピン系は $A_3M_2X_2$ と表記され，スピン 2, 3 のそれぞれ 2 個のプロトンは，エナンチオトピックである．スピン 1 と 7，スピン 2 と 6，スピン 3 と 5 は化学的にも磁気的にも等価である．

スペクトル B

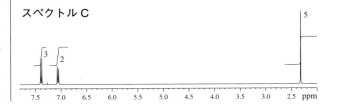

【3・4】 環境の異なる 2 種類の CH_3 があり，いずれも隣接した CH_2 をもつ．3.47 ppm の CH は電気陰性基 Z に結合しており複雑にカップリングしているので，$CH_n\underline{CH}(Z)CH_m$ といった構造が示唆される．1.2〜1.6 ppm には 8H あるので 4 個の CH_2 が存在し，いずれも複雑にカップリングしているので $CH_n\underline{CH_2}CH_m$ の構造が示唆される．これらは，$CH_3CH_2CH(Z)CH_2CH_2CH_2CH_3$ の構造と矛盾しない．**MS** から分子式 $C_7H_{16}O$ が得られており，**IR** と ^{1}H NMR から OH の存在が明らかなので Z は OH と判明し，構造が決定される．

ヘプタン-3-オール

【3・6】 スピン 1〜7 は一つのスピン系を形成している．スピン 2, 4, 5, 6 のそれぞれの 2 個のプロトンはジアステレオトピックである．

スペクトル C

練習問題 3・4〜3・6（つづき）

【3・4】 2.32 ppm は芳香環か C=O に結合した CH_3 である．7.06，7.38 ppm は芳香族プロトンであり，それぞれ二重線になっていることから，p-置換ベンゼンと推定される．**MS** から分子式 C_7H_7Br が得られており，また **IR** からも C=O は存在しないことが明らかである．したがって，ベンゼン環の置換基は CH_3 と Br であることが判明し，構造が決定される．

p-ブロモトルエン

【3・6】 スピン 2, 2', 3, 3' は一つのスピン系を形成し，AA'XX' と表記される．スピン 2 と 2'，スピン 3 と 3' はそれぞれ化学的に等価であるが，磁気的には等価ではない．スピン 5 は独立したスピン系である．

スペクトル D

【3・4】 2 個の CH_3 があり，0.92 ppm は CH_2，1.70 ppm は CH に隣接している．CH_3（1.70 ppm）に隣接した CH は 4.14 ppm のプロトンであり，六重線に分裂して非遮蔽された領域にあることから，$CH_3CH(Z)CH_2$（Z は電気陰性基）の構造が示唆される．1.3〜1.9 ppm には CH_3 を除いて 4H あるので，いずれも複雑にカップリングしている 2 個の CH_2 が存在することがわかる．これらは，$CH_3CH(Z)CH_2CH_2CH_3$ の構造と矛盾しない．**MS** から分子式 $C_5H_{11}Br$ が得られているので Z は Br と判明し，構造が決定される．

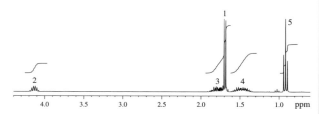
2-ブロモペンタン

【3・6】 スピン 1〜5 は一つのスピン系を形成している．スピン 3, 4 のそれぞれ 2 個のプロトンはジアステレオトピックである．

スペクトル E

【3・4】 2 個の CH_3 があり，0.87 ppm は CH_2，2.09 ppm は芳香環か C=O に結合している．3 個の CH_2 があり，1.28 ppm の六重線は $CH_3CH_2CH_2$，1.52 ppm の五重線は $CH_2CH_2CH_2$，2.38 ppm の三重線は CH_2CH_2Z（Z は電気陰性基）の構造に対応する．以上より，$CH_3CH_2CH_2CH_2C(=O)CH_3$ の構造が決定される．この構造は **MS** から得られた分子式 $C_6H_{12}O$，および **IR** から示された C=O の存在と矛盾しない．

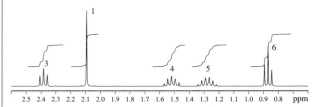
2-ヘプテノン

【3・5】 それぞれの多重線の $\Delta\nu/J$ は，$\Delta\nu_{34}/J_{34}=[(2.38-1.52)\times300]/7=37$，$\Delta\nu_{45}/J_{45}=[(1.52-1.28)\times300]/7=10$，$\Delta\nu_{56}/J_{56}=[(1.28-0.87)\times300]/7=18$ である．

【3・6】 スピン 3〜6 は一つのスピン系を形成している．スピン 3, 4, 5 のそれぞれ 2 個のプロトンはエナンチオトピックである．スピン 1 は独立したスピン系である．

スペクトル F

【3・4】 1.13 ppm の三重線，2.38 ppm の四重線からエチル基 CH_3CH_2 の存在がわかるが，CH_2 が非遮蔽された領域にあることから CH_3CH_2Z（Z は電気陰性基）の構造が示唆される．11.9 ppm 付近の広幅な吸収は COOH のプロトンに帰属される．**MS** から分子式 $C_3H_6O_2$ が得られており，**IR** からも COOH の存在が明らかなので Z は COOH と判明し，構造が決定される．

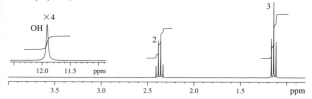
プロパン酸

練習問題 3・4〜3・6（つづき）

【3・5】 それぞれの多重線の $\Delta\nu/J$ は, $\Delta\nu_{23}/J_{23}=[(2.38-1.13)\times300]/7=54$ である.

【3・6】 スピン 2, 3 は一つのスピン系を形成し, A_3X_2 と表記される. スピン 2 の 2 個のプロトンはエナンチオトピックである.

スペクトル G

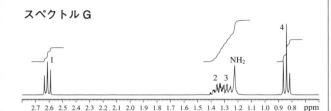

【3・4】 0.84 ppm は CH_2 に隣接した $\underline{CH_3}$, 2.61 ppm は電気陰性基と CH_2 に結合した $\underline{CH_2}$ である. 1.2〜1.4 ppm に 2 個の CH_2 が存在し, いずれも複雑にカップリングしていることから, $CH_3CH_2CH_2CH_2Z$ (Z は電気陰性基) の構造が示唆される. MS から分子式 $C_4H_{11}N$ が得られており, IR からも NH_2 の存在が示唆されるので Z は NH_2 と判明し, 構造が決定される.

ブチルアミン

【3・5】 それぞれの多重線の $\Delta\nu/J$ は, $\Delta\nu_{12}/J_{12}=[(2.61-1.35)\times300]/7=54$, $\Delta\nu_{23}/J_{23}=[(1.35-1.29)\times300]/7=2.6$, $\Delta\nu_{34}/J_{34}=[(1.29-0.84)\times300]/7=19$ である.

【3・6】 スピン 1〜4 は一つのスピン系を形成し, $A_3G_2M_2X_2$ と表記される. スピン 1, 2, 3 のそれぞれ 2 個のプロトンはエナンチオトピックである.

スペクトル H

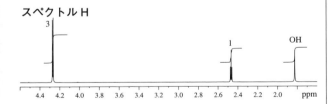

【3・4】 4.27 ppm は CH_2Z (Z は電気陰性基) に対応するが, カップリング定数が 2 Hz 程度であることから, 隣接するプロトンとのカップリングではなく遠隔カップリングである. 2.47 ppm は遠隔カップリングの相手であり, 異常に遮蔽された領域にある 1H であることからアルキンプロトンであることが推察される (付録表 D・3 参照). 以上より, $HC\equiv CH_2Z$ の構造が示唆される. ^1H NMR より Z は

OH であることがわかり, $HC\equiv CH_2OH$ の構造が決定される. この構造は, MS から得られた分子式 C_3H_4O, および IR によって示された OH と $C\equiv C$ の存在と矛盾しない.

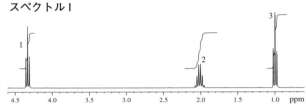

プロパルギルアルコール

【3・5】 スペクトルから遠隔カップリング定数を求めることができないため, $\Delta\nu/J$ は計算できない.

【3・6】 遠隔カップリングを考慮すれば, スピン 1, 3 は一つのスピン系を形成している. スピン 3 の 2 個のプロトンはエナンチオトピックである.

スペクトル I

【3・4】 0.99 ppm は CH_2 に隣接した $\underline{CH_3}$, 4.33 ppm は電気陰性基と CH_2 に結合した $\underline{CH_2}$ である. 2.01 ppm の CH_2 が六重線に分裂していることから, $CH_3\underline{CH_2}CH_2$ の構造が示唆される. 以上より, $CH_3CH_2CH_2Z$ (Z は電気陰性基) の構造が決まる. MS から分子式 $C_3H_7NO_2$ が得られており, また IR からも NO_2 基の存在が示唆されるので Z は NO_2 と判明し, 構造が決定される.

1-ニトロプロパン

【3・5】 それぞれの多重線の $\Delta\nu/J$ は, $\Delta\nu_{12}/J_{12}=[(4.33-2.01)\times300]/7=99$, $\Delta\nu_{23}/J_{23}=[(2.01-0.99)\times300]/7=44$ である.

【3・6】 スピン 1〜3 は一つのスピン系を形成し, $A_3M_2X_2$ と表記される. スピン 1, 2 のそれぞれ 2 個のプロトンはエナンチオトピックである.

スペクトル J

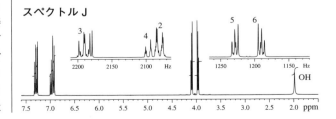

練習問題 3・4～3・6（つづき）

【3・4】 3.97 と 4.09 ppm はいずれも CH$_2$ に帰属され, 電気陰性基 Z に結合している CH$_2$ である. これらの CH$_2$ は互いにカップリングし, AA'XX' のパターンを示していることから, Z-CH$_2$CH$_2$-Z' の構造が示唆される. 芳香族領域には 5 個のプロトンがあることから, 一置換ベンゼンである. 6.9～7.0 ppm の 3H は置換基に対して o-位と p-位のプロトンに帰属されるが, ベンゼンのプロトン 7.27 ppm よりもかなり遮蔽された領域にあることから, 置換基は芳香環に対して電子供与性をもつ OR 基, あるいは NR$_2$ 基であることが推測される. MS から分子式 C$_8$H$_{10}$O$_2$ が得られており, また IR からも OH の存在が明らかなのでベンゼン環の置換基は -OCH$_2$CH$_2$OH であることが判明し, 構造が決定される.

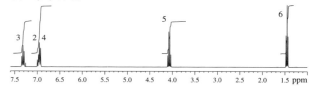

2-フェノキシエタノール

【3・6】 スピン 2, 2', 3, 3', 4 は一つのスピン系を形成し, AA'MM'X と表記される. スピン 2 と 2', スピン 3 と 3' はそれぞれ化学的に等価であるが, 磁気的には等価ではない. スピン 5, 6 はもう一つのスピン系を形成し, AA'XX' と表記される. スピン 5, 6 のそれぞれの 2 個のプロトンはエナンチオトピックである.

スペクトル K

【3・4】 1.44 ppm の三重線と 4.08 ppm の四重線からエチル基 CH$_3$CH$_2$ が存在することがわかる. CH$_2$ が非遮蔽された領域にあることから CH$_3$CH$_2$Z（Z は電気陰性基）の構造が示唆される. 芳香族領域には 5 個のプロトンがあることから, 一置換ベンゼンである. スペクトル J と同様, 置換基は芳香環に対して電子供与性をもつ OR 基, あるいは NR$_2$ 基であることが推測される. MS から分子式 C$_8$H$_{10}$O が得られているのでベンゼン環の置換基は -OC$_2$H$_5$ と判明し, 構造が決定される.

エトキシベンゼン

【3・5】 それぞれの多重線の $\Delta \nu / J$ は, $\Delta \nu_{56}/J_{56} = [(4.08-1.44) \times 300]/7 = 113$ である.

【3・6】 スピン 2, 2', 3, 3', 4 は一つのスピン系を形成し, AA'MM'X と表記される. スピン 2 と 2', スピン 3 と 3' は化学的に等価であるが, 磁気的には等価ではない. スピン 5, 6 はもう一つのスピン系を形成し, A$_3$X$_2$ と表記される. スピン 5 の 2 個のプロトンはエナンチオトピックである.

スペクトル L

【3・4】 0.92 ppm の CH$_3$ は CH$_2$ に結合しており, 2.26 ppm の CH$_2$CH$_2$Z（Z は電気陰性基）, および 1.62 ppm の六重線に分裂した CH$_2$ の存在から, CH$_3$CH$_2$CH$_2$Z の構造が示唆される. 3.63 ppm の一重線の CH$_3$ は著しく非遮蔽された領域にあることから, CH$_3$O に帰属される. MS から分子式 C$_5$H$_{10}$O$_2$ が得られており, また IR から C=O の存在が明らかなので Z は C(=O)OCH$_3$ と判明し, 構造が決定される.

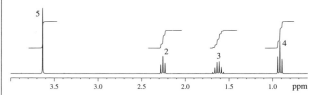

ブタン酸メチル

【3・5】 それぞれの多重線の $\Delta \nu / J$ は, $\Delta \nu_{23}/J_{23} = [(2.26-1.62) \times 300]/7 = 27$, $\Delta \nu_{34}/J_{34} = [(1.62-0.92) \times 300]/7 = 30$ である.

【3・6】 スピン 2～4 は一つのスピン系を形成し, A$_3$M$_2$X$_2$ と表記される. スピン 2, 3 のそれぞれ 2 個のプロトンはエナンチオトピックである. スピン 5 は独立のスピン系を形成している.

スペクトル M

【3・4】 CH$_3$ はなく, CH$_2$ の領域にいずれも複雑にカップリングしたプロトンが 10H 見られることから, 連続し

練習問題 3・4～3・6（つづき）

た 5 個の CH_2 をもつと推定される．3.63, 2.40 ppm はいずれも比較的非遮蔽された領域にあることから，Y-CH_2-$CH_2CH_2CH_2$-Z（Y, Z は電気陰性基）の構造が示唆される．Y, Z のいずれかは NH である．スペクトル E やスペクトル Q とは異なり末端 CH_2 が明確な三重線を示していないことは，2 個のプロトンの磁気的な非等価性を示唆しており，この化合物は環状構造をもつことが推察される．MS から分子式 $C_6H_{11}NO$ が得られており，また IR からも NH と C=O の存在が示唆されているため，Y は NH, Z は C(=O)R と帰属することができ，構造が決定される．

ε-カプロラクタム

【3・6】 スピン 2～6 は一つのスピン系を形成している．スピン 2～6 のそれぞれ 2 個のプロトンはすべてエナンチオトピックである．

スペクトル N

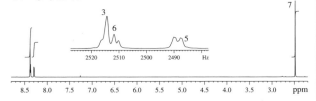

【3・4】 この問題はピラジン誘導体と指示がある．付録表 D・5 によると，ピラジンは 8.59 ppm に一重線を示す．スペクトルの芳香族プロトンは 3 個であるから，一置換ピラジンであることがわかる．2.48 ppm の一重線は，芳香環か C=O に結合した CH_3 に帰属される．MS から分子式 $C_5H_6N_2$ が得られており，また IR からも C=O が存在しないことが明らかなので，CH_3 はピラジン環に直接結合していることが判明し，構造が決定される．

2-メチルピラジン

【3・6】 スピン 5, 6 は一つのスピン系を形成し，AB と表記される．スピン 3 およびスピン 7 はそれぞれ独立のスピン系を形成している．

スペクトル O

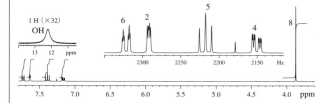

【3・4】 3.87 ppm の CH_3 はスペクトル L と同様，CH_3O に帰属される．芳香族プロトンは 4 個であり，二置換ベンゼンであることがわかる．遠隔カップリングである微細な分裂を除くと，7.17 ppm は二重線，7.39 ppm は三重線，7.64 ppm は一重線，7.74 ppm は二重線であり，これは m-置換体（下図）のパターンと一致する．また，芳香族プロトン

の 2H が 7.6～7.8 ppm と非遮蔽された領域に現れていることから，置換基 X, Y のいずれかは強い電子求引基 C(=O)-R か NO_2 と推測される．MS から分子式 $C_8H_8O_3$ が得られており，また IR からも C=O と OH の存在が示されているため，X を C(=O)R とする．以上の情報から，以下に構造式を示す m-メトキシ安息香酸と m-ヒドロキシ安息香酸メチルの可能性が考えられる．

m-メトキシ安息香酸   m-ヒドロキシ安息香酸メチル

これらのうち，次の二つの理由により，この化合物は **m-メトキシ安息香酸**であると決定される．すなわち，(1) IR において C=O 伸縮振動が 1682 cm^{-1} に観測されている．安息香酸エステルであれば，C=O 伸縮振動はもっと高波数領域（1730～1715 cm^{-1}）に現れるはずである．(2) ^{1}H NMR において OH プロトンが 12.2 ppm に広幅なピークとして観測されている．フェノールの OH プロトンは分子内水素結合を形成しない限り，一般に 4.0～7.5 ppm に現れる．

【3・6】 スピン 2 とスピン 4, 5 との間に遠隔カップリングが観測されるため，スピン 2, 4, 5, 6 は一つのスピン系を形成しており，AGMX と表記される．スピン 8 は独立したスピン系を形成している．

練習問題 3・4〜3・6（つづき）
スペクトル P

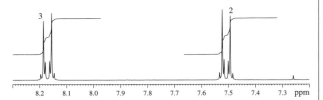

【3・4】2種類の芳香族プロトンがあり，互いにカップリングしている．二置換ベンゼンであれば，異なる置換基 X, Y をもつ p-置換体（下図）の AA'XX' のパターンと一致する．

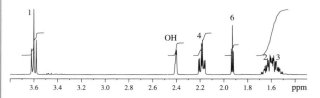

また，芳香族プロトンの一つが 8.17 ppm と非遮蔽された領域に現れていることから，置換基 X, Y のいずれかは強い電子求引基 C(=O)R か NO_2 である．**MS** から分子式 $C_6H_4ClNO_2$ が得られており，また **IR** から NO_2 の存在が示唆されているのでベンゼン環の置換基は NO_2 と Cl であることが判明し，構造が決定される．

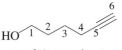

1-クロロ-4-ニトロベンゼン

【3・6】スピン 2, 2', 3, 3' は一つのスピン系を形成しており，AA'XX' と表記される．スピン 2 と 2'，およびスピン 3 と 3' はそれぞれ化学的に等価であるが，磁気的には等価ではない．

スペクトル Q

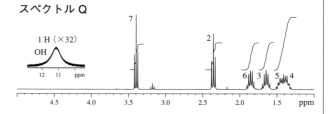

【3・4】CH_3 はなく，2.36 と 3.39 ppm の三重線から，異なる電気陰性基に結合し CH_2 に隣接した $\underline{CH_2}$ が2種類

存在することがわかる．そのほかに 4 個の CH_2 があり，そのうち 1.65, 1.85 ppm の CH_2 はいずれも五重線であることから，それぞれ 2 個の CH_2 に隣接している．これらは，Y−$CH_2CH_2CH_2CH_2CH_2CH_2$−Z（Y, Z は電気陰性基）の構造と矛盾しない．Y, Z のいずれかは COOH である．**MS** から分子式 $C_7H_{13}BrO_2$ が得られており，また **IR** からも C=O と OH の存在が明らかなので Y, Z は COOH と Br であることが判明し，構造が決定される．

HO−C(=O)−CH_2−CH_2−CH_2−CH_2−CH_2−CH_2−Br
    1   2   3   4   5   6   7

7-ブロモヘプタン酸

【3・5】それぞれの多重線の $\Delta\nu/J$ は，$\Delta\nu_{67}/J_{67} = [(3.39 - 1.86) \times 300]/7 = 66$，$\Delta\nu_{56}/J_{56} = [(1.68 - 1.47) \times 300]/7 = 17$，$\Delta\nu_{45}/J_{45} = [(1.47 - 1.37) \times 300]/7 = 4.3$，$\Delta\nu_{34}/J_{34} = [(1.65 - 1.37) \times 300]/7 = 12$，$\Delta\nu_{23}/J_{23} = [(2.36 - 1.65) \times 300]/7 = 30$ である．

【3・6】スピン 2〜7 は一つのスピン系を形成する．スピン 2, 3, 4, 5, 6, 7 のそれぞれ 2 個のプロトンはエナンチオトピックである．

スペクトル R

【3・4】1.92 ppm の積分強度 1H のシグナルは 2 Hz 程度の遠隔カップリングを示し，スペクトル H と同様，アルキンプロトンに帰属される．遠隔カップリングの相手である 2.18 ppm の CH_2 は，三重線に分裂していることから CH_2 に隣接していることがわかる．さらに，3.61 ppm は電気陰性基に結合し CH_2 に隣接した $\underline{CH_2}$ であり，そのほか 1.5〜1.7 ppm に複雑にカップリングした CH_2 が 2 個存在する．これらは，HC≡$CH_2CH_2CH_2CH_2$Z（Z は電気陰性基）の構造と矛盾しない．**MS** から分子式 $C_6H_{10}O$ が得られており，また **IR** からも OH と C≡C の存在が示唆されるので Z は OH と判明し，構造が決定される．

HO−CH_2−CH_2−CH_2−CH_2−C≡CH
    1   2   3   4   5   6

5-ヘキシン-1-オール

【3・6】遠隔カップリングを考慮すれば，スピン 1〜6

練習問題 3・4〜3・6（つづき）
は一つのスピン系を形成している．スピン 1, 2, 3, 4 のそれぞれ 2 個のプロトンはエナンチオトピックである．

スペクトル S

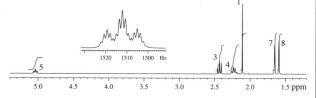

【3・4】 この問題は不飽和ケトンと指示がある．3 個のメチル基が存在する．2.11 ppm は芳香環か C=O に結合した CH$_3$ であるが，芳香族プロトンがないことから，CH$_3$C-(=O) の存在が示唆される．1.58, 1.65 ppm はアルキル基の末端 CH$_3$ よりも非遮蔽された領域にあることから，二重結合炭素に結合した CH$_3$ と推測される．5.04 ppm の積分強度 1H のプロトンはアルケン水素に帰属され，大きく三重線に分裂していることから CH$_2$ と隣接していることがわかる．これらから，(CH$_3$)$_2$C=CHCH$_2$ の構造が推定される．アルケン水素に見られる遠隔カップリングは CH$_3$ プロトンとのカップリングであり，6 個のプロトンによって七重線に分裂していることもこの構造と矛盾しない．2.22 ppm の CH$_2$ は四重線であるから CH$_2$C$\underline{H_2}$CH, 2.43 ppm の CH$_2$ は三重線であるから ZC$\underline{H_2}$CH$_2$ (Z は電気陰性基) の構造があることがわかり，Z が C=O となる．MS から分子式 C$_8$H$_{14}$O が得られており，また IR からも C=O の存在が明らかなので，構造が決定される．

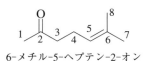

6-メチル-5-ヘプテン-2-オン

【3・6】 スピン 5 とスピン 7, 8 で遠隔カップリングが観測されるので，スピン 3〜8 は一つのスピン系を形成している．スピン 3, 4 のそれぞれ 2 個のプロトンはエナンチオトピックである．

スペクトル T

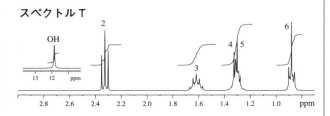

【3・4】 0.88 ppm は C$\underline{H_3}$CH$_2$, 2.32 ppm は ZC$\underline{H_2}$CH$_2$ (Z は電気陰性基), 1.61 ppm の CH$_2$ は基本的に五重線であるから CH$_2$C$\underline{H_2}$CH$_2$ に帰属される．他に 1.25〜1.35 ppm に複雑にカップリングしている 2 個の 2H が存在する．これらは，CH$_3$CH$_2$CH$_2$CH$_2$CH$_2$Z の構造と矛盾しない．11.85 ppm は COO$\underline{H}$ に帰属されるので，Z は COOH である．この構造は MS から得られた分子式 C$_6$H$_{12}$O$_2$，また IR から示唆された C=O および OH の存在と矛盾しない．

ヘキサン酸

【3・6】 スピン 2〜6 は一つのスピン系を形成している．スピン 2, 3, 4, 5 のそれぞれ 2 個のプロトンはエナンチオトピックである．

スペクトル U

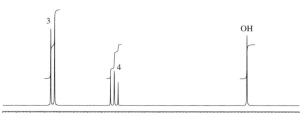

【3・4】 7.25, 6.81 ppm に 2 種類の芳香族プロトンが積分強度 2:1 で観測されていることから，ベンゼン環に垂直な対称面をもつ三置換ベンゼン（下図）と推定される．

隣接する炭素に結合したプロトンとのカップリングにより，H$_A$ は二重線，H$_B$ は三重線になるが，これらは与えられたスペクトルと矛盾しない．H$_B$ は 6.81 ppm と比較的遮蔽された領域に現れており，これは p-位の置換基 X が芳香環に対して電子供与性であることを示している．したがって，X=OH と帰属される．IR からも OH の存在は明らかである．MS から分子式 C$_6$H$_4$Cl$_2$O が得られており Y は Cl と判明し，構造が決定される．

2,6-ジクロロフェノール

練習問題 3・4~3・6（つづき）

【3・5】 それぞれの多重線の $\Delta\nu/J$ は，$\Delta\nu_{34}/J_{34}=[(7.25-6.81)\times 300]/9=15$ である．

【3・6】 スピン 3, 3', 4 は一つのスピン系を形成し，AA'X と記載される．スピン 3 と 3' は化学的には等価であるが，磁気的には等価ではない．

スペクトル V

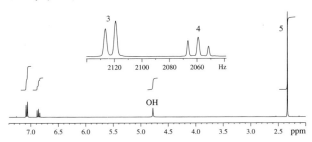

【3・4】 7.08, 6.86 ppm の芳香族プロトンはスペクトル U と同一の形状であり，これもベンゼン環に垂直な対称面をもつ三置換ベンゼンである．スペクトル U と同様に，遮蔽された領域に芳香族プロトンが現れていることから，X は OH である．IR からも OH の存在は明らかである．2.33 ppm は芳香環か C=O に結合した CH_3 であり積分強度は 6H であるので，置換基 Y に存在する CH_3 と帰属される．MS から分子式 $C_8H_{10}O$ が得られているので Y は CH_3 であることが判明し，構造が決定される．

2,6-ジメチルフェノール

【3・6】 スピン 3, 3', 4 は一つのスピン系を形成し，AA'X と記載される．スピン 3 と 3' は化学的には等価であるが，磁気的には等価ではない．スピン 5 と 5' はそれぞれ独立のスピン系を形成しており，化学的に等価である．

スペクトル W

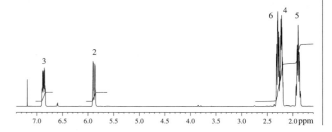

【3・4】 この問題は不飽和ケトンと指示がある．CH_3 はなく，CH_2 の領域にいずれも複雑にカップリングしたプロトンが 6H 見られることから，連続した 3 個の CH_2 を含む構造が推定される．そのうちの 2 個は 2.29, 2.25 ppm と比較的非遮蔽された領域に現れていることから，$YCH_2CH_2CH_2Z$ (Y, Z は電気陰性基) の構造をもつと考えられる．一方，5.88, 6.86 ppm の積分強度 1H のプロトンはいずれもアルケンプロトンに帰属されるが，かなり非遮蔽された領域に現れていることから α,β-不飽和ケトン CH=CH-C=O と推定される．IR からも C=O の存在が明らかである．MS から分子式 C_6H_8O が得られているので，Y, Z が $-CH=CH-C(=O)-$ であることが判明し，構造が決定される．

シクロヘキサ-2-エン-1-オン

【3・6】 スピン 2~6 は一つのスピン系を形成している．スピン 4, 5, 6 のそれぞれ 2 個のプロトンはエナンチオトピックである．

3・7 一般に A_mX_n スピン系では，一次の多重線となる場合にはスピン A のピークは $n+1$ 個に分裂し，X のピークは $m+1$ 個に分裂する．分裂したピークの相対強度はパスカルの三角形の規則（図 3・22 参照）に従う．たとえば，A_2X 系では A の部分は強度比 1:1 の二重線，X の部分は強度比 1:2:1 の三重線になる．ただしスペクトルの概略を描く際には，A の部分の全体としての強度は X の部分の 2 倍になるようにしなければならない．以下に各スピン系について，枝分かれ図とスペクトルの概略を示す．

・AX 系

・A_2X 系

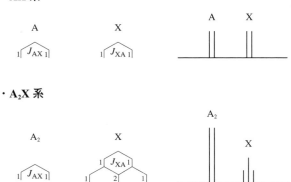

・A_3X 系

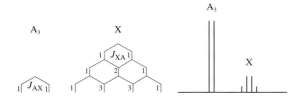

・A_2X_2 系

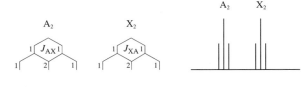

・A_3X_2 系

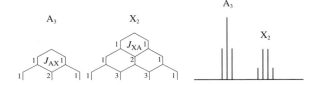

3・8 A_mMX_n 系のスペクトルの概略を描く問題であり，$J_{AX}=0$ と $J_{AM}=J_{MX}$ が指定されている．A のピークと X のピークは常に二重線で変化しない．M は隣接する m 個の A と n 個の X とカップリングするが $J_{AM}=J_{MX}$ なので，結局，等価な $m+n$ 個のスピンとカップリングすることになる．したがって，M のピークは $m+n+1$ 個に分裂し，分裂したピークの相対強度はパスカルの三角形の規則に従う．たとえば，A_2MX_3 の場合，A と X はそれぞれ二重線となり，A と X の全体としての積分強度は 2：3 となる．一方，M は積分強度 1 の六重線となり，六重線の各ピークの相対強度比は 1：5：10：10：5：1 となる．以下に各スピン系について，M に関する枝分かれ図とスペクトルの概略を示す．

・AMX 系

・A_2MX 系

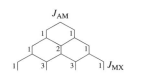 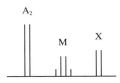

・A_3MX 系

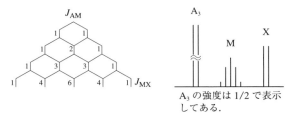

A_3 の強度は 1/2 で表示してある．

・A_2MX_2 系

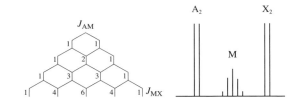

・A_2MX_3 系

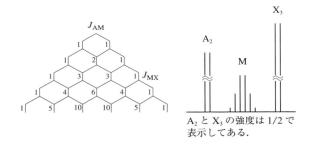

A_2 と X_3 の強度は 1/2 で表示してある．

・A_3MX_3 系

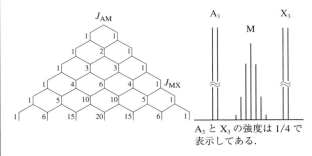

A_3 と X_3 の強度は 1/4 で表示してある．

3・9 前問と同様，A_mMX_n 系のスペクトルの概形を描く問題であり，$J_{AX}=0$ は同じであるが，$J_{AM}\neq J_{MX}$ である点が異なっている．A のピークと X のピークはそれぞれ 10 Hz，5 Hz の幅をもつ二重線となり，どのスピン系も同じである．M のピークはまず 10 Hz の幅で $m+1$ 個に分裂し，次にそれぞれのピークが 5 Hz の幅で $n+1$ 個に分裂する．分裂の際の各ピークの相対強度は，パスカルの三角形の規則に従う．ただし，本問の場合，$J_{AM}=2J_{MX}$ の関係が

あるため分裂した線が重なり合うことになるので，注意が必要である．以下に各スピン系について，M に関する枝分かれ図とスペクトルの概略を示す．

・AMX 系

・A₂MX 系

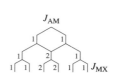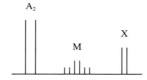

・A₃MX 系

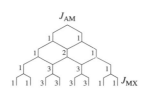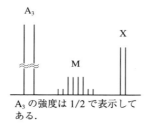

A₃ の強度は 1/2 で表示してある．

・A₂MX₂ 系

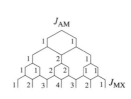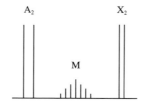

・A₂MX₃ 系

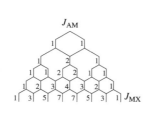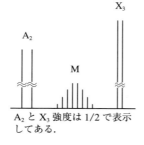

A₂ と X₃ 強度は 1/2 で表示してある．

・A₃MX₃ 系

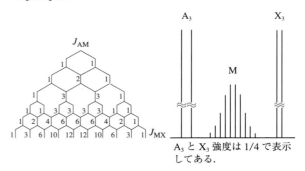

A₃ と X₃ 強度は 1/4 で表示してある．

3・10 スペクトルが一次の多重線を与える場合には，$n+1$ 則とパスカルの三角形の規則を用いて，比較的容易にスペクトルを解析することができる（3・5・5 節参照）．スピン A とスピン B がカップリングしているとき，スピン A のピークに観測されるカップリング定数 J_{AB} は，必ずスピン B のピークにも現れる．このため，カップリング定数を手掛かりにカップリングしている相手を探すことができ，これはスペクトルの解析やピークの帰属に有用である．なお，カップリング定数が，別のスピン間のカップリング定数の整数倍である場合，吸収線の重なりが起こりパスカルの三角形の規則とは一致しない強度比になるので注意が必要である．

3・10A

各ピークの積分強度比から，このスピン系は AM_2X_3 と表記できることがわかる．スペクトル(c)は三重線がさらに二重に分裂していることがわかる．すなわち，2 個の B とのカップリングにより三重線に分裂し，1 個の A によってさらに二重線に分裂したとみることができる．この部分は下図のように解析することができ，$J_{bc}=12$ Hz，$J_{ac}=3$ Hz を得ることができる．

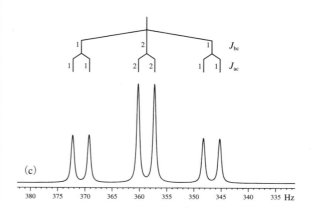

次いで，スペクトル(b)は，3個のCによって四重線に分裂したピークが，1個のAによってさらに二重線に分裂したものである．この部分は下図のように解析することができ，$J_{bc} = 12$ Hz，$J_{ab} = 6$ Hz が得られる．スピンBとスピンCの間のカップリング定数 J_{bc} は，当然スペクトル(c)から得られた値と一致していなければならない．

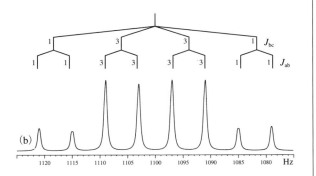

これですべてのカップリング定数が得られたので，これらの値からスペクトル(a)が再現できるはずである．スピンAは2個のBにより三重線に分裂し，それぞれが3個のCにより四重線に分裂するので12本のピークを与えるはずであるが，$J_{ab} = J_{ac} \times 2$ の関係があるので，ピークの重なり合いが起こり，パスカルの三角形の規則とは異なった強度比となる．しかし，重複を考慮すれば，下図のように問題なく解析することができる．

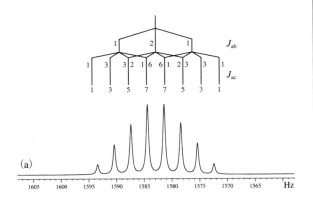

3・10B

各ピークの積分強度比から，このスピン系も AM_2X_3 である．スペクトル(c)は三重線のそれぞれが二重に分裂したものである．次の図のように解析することができ，$J_{ac} = 9$ Hz，$J_{bc} = 4$ Hz を得る．

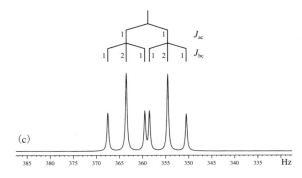

さらにスペクトル(b)は $J_{bc} = 4$ Hz で分裂した四重線が二つ重なったものであり，下図のような解析により，$J_{ab} = 6$ Hz が得られる．

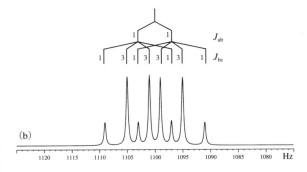

$J_{ac} = 9$ Hz と $J_{ab} = 6$ Hz から下図のようにスペクトル(a)を再現することができ，これらの値が正しいことが確認できる．前問とは異なり，特にピークの重なりはないので，12本の吸収線が観測される．

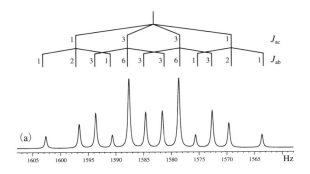

3・10C

三つのシグナルの積分強度は等しいので，スピン系は $A_nM_nX_n$ である．しかし，スペクトル(a)〜(c)にはいずれも9本のピークが観測されており，これは三重線に分裂し

たピークがさらに三重線に分裂したものである．したがって，$n=2$，すなわちスピン系は $A_2M_2X_2$ であることがわかる．スペクトル(c) は下図のように解析することができ，二つのカップリング定数 9 Hz，4 Hz が得られる．

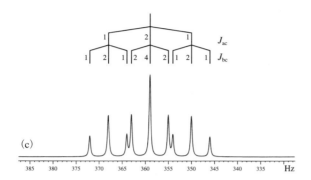

さらに，右段の上図のようにスペクトル(b) の解析から，二つのカップリング定数 6 Hz，4 Hz を得ることができ，スペクトル(c) の解析から得られた値と共通する 4 Hz が J_{bc} と決定される．したがって，$J_{ab}=6$ Hz，$J_{ac}=9$ Hz となる．

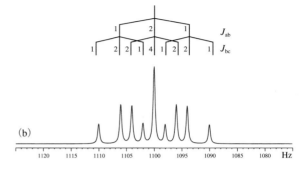

$J_{ac}=9$ Hz と $J_{ab}=6$ Hz から下図のようにスペクトル(a) を再現することができ，これらの値が正しいことが確認できる．

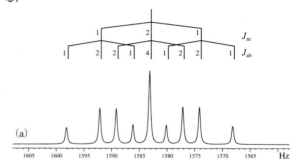

4 炭素-13 NMR 分光法

練習問題の解答

4・1〜4・3 化合物 a〜o ごとに 3 問をまとめて解答する．それぞれの化合物について，構造式に示すように各炭素に番号をつけ，それぞれ "炭素 1"，"炭素 2" などとよぶ．4・2 の化学シフトの予測値は，予測に使用した数値とともに表にまとめて示す．表の見方は化合物 a の説明を参照のこと．4・3 の解答として三つのスペクトルが与えられており，下段がプロトン-デカップリング ^{13}C NMR スペクトル，中段が DEPT 135 (CH 基と CH$_3$ 基は上向き，CH$_2$ 基は下向きに現れる)，上段が DEPT 90 (CH 基のみ現れる) である．化学シフトは 4・2 で予測した数値とし，強度はそのピークを与える炭素原子数に比例することを仮定している．プロトン-デカップリング ^{13}C NMR スペクトルに付した数字は，それぞれのシグナルの帰属を示している．

化合物 a

$$\overset{4}{}\diagdown\overset{3}{}\diagup\overset{2}{}\diagdown\overset{1}{}\text{Br}$$

1-ブロモブタン

【4・1】 炭素 1〜4 はすべて化学的に等価ではない．

【4・2】 下表において，"基準値" は化学シフトを予測するための基準とした値 (TMS を基準とする ppm 値) であり，対応する化合物は * をつけて欄外に示してある．α〜ε および "他" は ^{13}C 加成性シフトパラメーターであり，( ) 内にそのシフトを与える炭素原子の番号，あるいは置換基を示した．加成性シフトパラメーターの根拠となる資料は欄外に "表 4・4" などと記した．数字をすべて足し合わせると，"予測値" (TMS を基準とする ppm 値) が得られる．

炭素	基準値	α	β	γ	δ	ε	他	予測値
1	−2.5*	9.1(2) 20(Br)	9.4(3)	−2.5(4)				33.5
2	−2.5*	9.1×2 (1,3)	9.4(4) 11(Br)					36.1
3	−2.5*	9.1×2 (2,4)	9.4(1)	−3(Br)				22.1
4	−2.5*	9.1(3)	9.4(2)	−2.5(1)				13.5

* メタン：表 4・4, 4・6

【4・3】

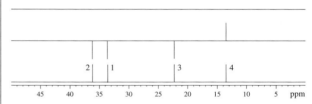

化合物 b

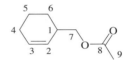

酢酸(シクロヘキサ-2-エン-1-イル)メチル

【4・1】 炭素 1〜9 はすべて化学的に等価ではない．

【4・2】 ( ) 内の ' をつけた数字は，二重結合に対して注目しているアルケン炭素と反対側にある置換基を表す (本編 p.209 の表を参照)．

炭素	基準値	α	β	γ	δ	他	予測値
1	−2.5*1	9.1×2(6,7) 20(CH=CH$_2$)	6(OCOR) 9.4(5)	−2.5(4)		−3.7×3 (3°(2°))	37.5
2	123.3*2	10.6(1) −7.9(4')	7.2×2(6,7) −1.8(5')	−1.5×2(5,6') −3(OCOR)		−1.1(Z)	131.5
3	123.3*2	10.6(4) −7.9(1')	7.2(5) −1.8×2(6',7')	−1.5×2(5',6)		−1.1(Z)	125.5
4	−2.5*1	9.1(5) 20(CH=CH$_2$)	9.4(6)	−2.5(1)	0.3(7)		33.8
5	−2.5*1	9.1×2(4,6)	9.4(1) 6(CH=CH$_2$)	−2.5(7)			28.6
6	−2.5*1	9.1×2(1,5)	9.4×2(4,7) 6(CH=CH$_2$)	−3(OCOR)		−2.5 (2°(3°))	35.0
7	−2.5*1	9.1(1) 51(OCOR)	9.4(6) 6(CH=CH$_2$)	−2.5(5)	0.3(4)	−2.5 (2°(3°))	68.3
8	170.5						170.5
9	20.7						20.7

*1 メタン，*2 エチレン．炭素 8,9 は表 4・12 の CH$_2$O(C=O)
 CH$_3$ の値：表 4・4, 4・6, p.209 の表

練習問題 4・1～4・3（つづき）

【4・3】

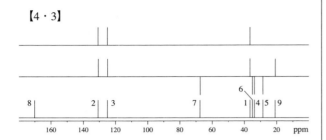

化合物 c

1-(シクロヘキサ-1,5-ジエン-1-イル)-3-ヒドロキシ-
2-メチルプロパン-1-オン

【4・1】 炭素 1～10 はすべて化学的に等価ではない．
【4・2】

炭素	基準値	α	β	γ	δ	ε	他	予測値
1	129.8		7.2(8)	−1.5×2 (9, 10)				134.0
2	150.9							150.9
3	22.3			−2(COR)				20.3
4	22.3							22.3
5	124.6			−2(COR)	0.3(8)	0.1×2 (9, 10)		123.1
6	126.1		1(COR)	−2.5(8)	0.3×2 (9, 10)			125.1
7	196.9							196.9
8	−2.5*	9.1×2(9, 10) 24(COR)	10(OH) 6(CH=CH₂)	−0.5 (CH=CH₂)	0.3(3)	0.1(4)	−3.7 (3°(2°))	51.9
9	−2.5*	9.1(8) 48(OH)	9.4(10) 1(COR)	−0.5 (CH=CH₂)		0.1(3)	−2.5 (2°(3°))	62.1
10	−2.5*	9.1(8)	9.4(9) 1(COR)	−0.5(CH=CH₂) −5(OH)		0.1(3)	−1.1 (1°(3°))	10.5

* メタン．炭素 3,4,5,6 は表 4・9 の 1,3-シクロヘキサジエン，炭素 1,2 は表 4・10 の 2-シクロヘキセノンの α,β 位，炭素 7 は表 4・10 のメチルビニルケトンの C=O の値：表 4・4, 4・6, p.209 の表

【4・3】

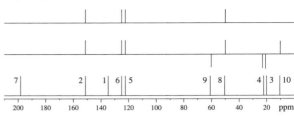

化合物 d

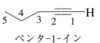

ペンタ-1-イン

【4・1】 炭素 1～5 はすべて化学的に等価ではない．
【4・2】

炭素	基準値	α	β	γ	予測値
1	68.1				68.1
2	84.5				84.5
3	−2.5*	4.5 (C≡CH) 9.1(4)	9.4(5)		20.5
4	−2.5*	9.1×2 (3, 5)	5.5 (C≡CH)		21.2
5	−2.5*	9.1(4)	9.4(5)	−3.5 (C≡CH)	12.5

* メタン．炭素 1, 2 は表 4・11 の 1-ヘキシンの C-1, C-2 の値：表 4・4, 4・6

【4・3】

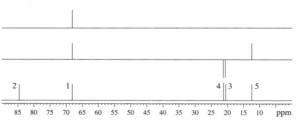

化合物 e

ヘキサ-3-エン-2-オン

【4・1】 炭素 1～6 はすべて化学的に等価ではない．
【4・2】 （ ）内の '' をつけた数字は，二重結合に対して注目しているアルケン炭素と反対側にある置換基を表す（本編 p.209 の表を参照）．

練習問題 4・1～4・3（つづき）

炭素	基準値	α	β	γ	δ	ε	予測値
1	−2.5*	30(COR)	6(CH=CH$_2$)		0.3(5)	0.1(6)	33.9
2	196.9			−2.5(5)	0.3(6)		194.7
3	137.5	−7.9(5')	−1.8(6')				127.8
4	128.6	10.6(5)	7.2(6)				146.4
5	−2.5*	9.1(6) 20(CH=CH$_2$)		−2(COR)	0.3(1)		24.9
6	−2.5*	9.1(5)	6(CH=CH$_2$)			0.1(1)	12.7

* メタン. 炭素 2, 3, 4 は表 4・19 のメチルビニルケトンの値: 表 4・4, 4・6, p.209 の表

【4・3】

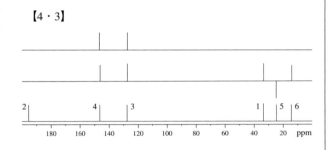

化合物 f

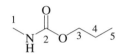

1-メトキシブタ-1-エン

【4・1】 炭素 1～5 はすべて化学的に等価ではない.

【4・2】（ ）内の'をつけた数字は，二重結合に対して注目しているアルケン炭素と反対側にある置換基を表す（本編 p.209 の表を参照）.

炭素	基準値	α	β	γ	δ	ε	予測値
1	52.5				0.3(4)	0.1(5)	52.9
2	153.2	−7.9(4')	−1.8(5')				143.5
3	84.2	10.6(4)	7.2(5)				102.0
4	−2.5*	9.1(5) 20(CH=CH$_2$)		−4(OR)	0.3(1)		22.9
5	−2.5*	9.1(4)	6(CH=CH$_2$)			0.1(1)	12.7

* メタン. 炭素 1, 2, 3 は表 4・15 のメチルビニルエーテルの値: 表 4・4, 4・6, p.209 の表

【4・3】

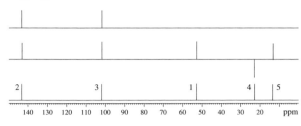

化合物 g

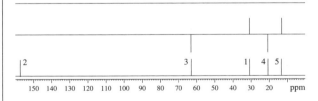

N-メチルカルバミン酸プロピル

【4・1】 炭素 1～5 はすべて化学的に等価ではない.

【4・2】

炭素	基準値	α	β	γ	δ	ε	予測値
1	−2.5*	31(NHR)	2(COOR)		0.3(3)	0.1(4)	30.9
2	157.8				0.3(5)		158.1
3	−2.5*	51(OCOR) 9.4(5)	9.1(4)	−4(NHR)	0.3(1)		63.3
4	−2.5*	9.1×2(3,5)	5(OCOR)				20.7
5	−2.5*	9.1(4)	9.4(3)	−3(OCOR)			13.0

* メタン. 炭素 2 は表 4・12 のカルバミン酸エチルの値: 表 4・4, 4・6

【4・3】

化合物 h

ジエトキシメタン

【4・1】 炭素 1 と 1'，炭素 2 と 2' はそれぞれ化学的に等価である.

練習問題 4・1～4・3（つづき）

【4・2】

炭素	基準値	α	β	予測値
1	−2.5*	9.1(2)	8(OR)	14.6
2	−2.5*	9.1(1) 58(OR)		64.6
3	−2.5*	58×2(OR)		113.5

* メタン：表 4・4, 4・6

【4・3】

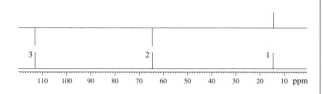

化合物 i

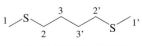

2-メチルペンタン-2-オール

【4・1】 炭素 1 と炭素 6 は化学的に等価である．

【4・2】

炭素	基準値	α	β	γ	δ	他	予測値
1	−2.5*	9.1(2)	9.4×2 (3, 6) 8(OH)	−2.5(4)	0.3(5)	−3.4 (1°(4°))	27.8
2	−2.5*	9.1×3 (1, 3, 6) 41(OH)	9.4(4)	−2.5(5)		−1.5×2 (4°(1°)) −8.4 (4°(2°))	61.3
3	−2.5*	9.1×2 (2, 4)	9.4×3 (1, 5, 6) 8(OH)			−7.2 (2°(4°))	44.7
4	−2.5*	9.1×2 (3, 5)	9.4(2)	−2.5×2 (1, 6) −5(OH)			15.1
5	−2.5*	9.1(4)	9.4(3)	−2.5(2)	0.3×2 (1, 6)		14.1
6	−2.5*	9.1(2)	9.4×2 (1, 3) 8(OH)	−2.5(4)	0.3(5)	−3.4 (1°(4°))	27.8

* メタン：表 4・4, 4・6

【4・3】

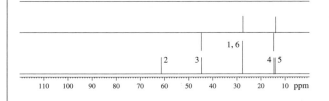

化合物 j

1,4-ビス(メチルチオ)ブタン

【4・1】 炭素 1 と 1'，炭素 2 と 2'，炭素 3 と 3' はそれぞれ化学的に等価である．

【4・2】

炭素	基準値	α	β	γ	予測値
1	−2.5*	20(SR)			17.5
2	−2.5*	20(SR) 9.1(3)	9.4(3')	−2.5(2')	33.5
3	−2.5*	9.1×2(2, 3')	9.4(2') 7(SR)	−3(SR)	29.1

* メタン：表 4・4, 4・6

【4・3】

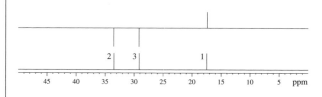

化合物 k

N,N,4-トリメチルベンズアミド

【4・1】 炭素 2 と 2'，炭素 3 と 3' はそれぞれ化学的に等価である．炭素 6 と 7 はジアステレオトピックであるが，ここでは考慮されていない．

練習問題 4・1〜4・3（つづき）

【4・2】

炭素	基準値	α(ipso)	β(o)	γ(m)	δ(p)	予測値
1	128.5*	5.0 (CONH$_2$)			−2.9 (CH$_3$)	130.6
2	128.5*		−1.2 (CONH$_2$)	−0.1 (CH$_3$)		127.2
3	128.5*		0.7 (CH$_3$)	0.0 (CONH$_2$)		129.2
4	128.5*	9.3 (CH$_3$)			3.4 (CONH$_2$)	141.2
5	169.5					169.5
6	37.6					37.6
7	37.6					37.6
8	21.3					21.3

* ベンゼン. 炭素 5, 6, 7 は表 4・20 の N,N-ジメチルベンズアミドの値, 炭素 8 は表 4・12 の置換基 CH$_3$ の置換基炭素の値: 表 4・12

【4・3】

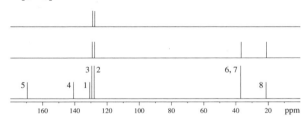

化合物 l

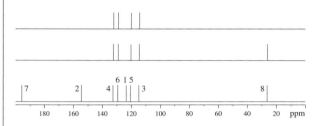

1-(2-ヒドロキシフェニル)エタノン

【4・1】 炭素 1〜8 はすべて化学的に等価ではない.

【4・2】

炭素	基準値	α(ipso)	β(o)	γ(m)	δ(p)	予測値
1	128.5*	7.8 ((C=O)CH$_3$)	−12.7(OH)			123.6
2	128.5*	26.6(OH)	−0.4 ((C=O)CH$_3$)			154.7
3	128.5*		−12.7(OH)	−0.4 ((C=O)CH$_3$)		115.4
4	128.5*			1.6(OH)	2.8 ((C=O)CH$_3$)	132.9
5	128.5*			−0.4 ((C=O)CH$_3$)	−7.3(OH)	120.8
6	128.5*		−0.4 ((C=O)CH$_3$)	1.6(OH)		129.7
7	195.7					195.7
8	24.6					24.6

* ベンゼン. 炭素 7, 8 は表 4・12 の置換基 (C=O)CH$_3$ の置換基炭素の値: 表 4・12

【4・3】

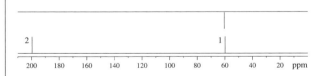

化合物 m

Cl–CH$_2$–CHO の構造 (炭素1: CH$_2$Cl, 炭素2: CHO)

2-クロロアセトアルデヒド

【4・1】 炭素 1, 2 は化学的に等価ではない.

【4・2】

炭素	基準値	α	予測値
1	−2.5*	31(Cl) 31(CHO)	59.5
2	199.7		199.7

* メタン. 炭素 2 は表 4・19 のアセトアルデヒドの値: 表 4・6

【4・3】

化合物 n

フルオロエテン (H$_2$C=CHF, 炭素1: CHF, 炭素2: CH$_2$)

練習問題 4・1～4・3（つづき）

【4・1】 炭素 1, 2 は化学的に等価ではない.

【4・2】 アルケンに対する置換基の増分値が与えられていないので，アルカンに対する増分値（表 4・6）を用いた．

炭素	基準値	α	β	予測値
1	123.3*	68 (F)		191.3
2	123.3*		9 (F)	132.3

* エチレン：表 4・6

【4・3】 ^{19}F は天然存在比 100 %で，スピン量子数 1/2 をもつ．したがって，炭素 1, 2 には ^{19}F とのカップリングが観測されるはずであるが，下記のスペクトルでは考慮していない．実際には，炭素 1, 2 とも ^{19}F とのカップリングにより二重線に分裂する．$^1J_{C1-F}$ は 250 Hz，$^2J_{C2-F}$ は 20 Hz 程度と推定される．

化合物 o

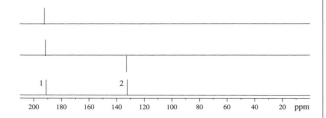

酢酸シクロヘキシル

【4・1】 炭素 2 と 2'，および炭素 3 と 3' はそれぞれ化学的に等価である．

【4・2】

炭素	基準値	α	β	γ	δ	ε	予測値
1	26.9*	45 (OCOR)		−2.5 (6)			69.4
2	26.9*		5 (OCOR)		0.3 (6)		32.2
3	26.9*			−3 (OCOR)	0.1 (6)		24.0
4	26.9*						26.9
5	170.3						170.3
6	20.0						20.0

* シクロヘキサン（表 4・7）．炭素 5, 6 は表 4・20 の酢酸エチルの値：表 4・6

【4・3】

4・4 ^{13}C NMR スペクトル A～W はすべて，それぞれ練習問題 3・4 で決定された構造と矛盾しない．構造が決定された化合物について，それぞれの炭素原子の化学シフトを予測し，その予測値と実際のスペクトルを対比させることによって炭素原子の帰属を行う．前問と同様，化学シフトの予測値は，予測に使用した数値とともに表にまとめて示す．予測値にもかなりの誤差があるので，接近した化学シフトをもつ炭素原子の厳密な帰属は難しい．なお，77.0 ppm の三重線のピークは溶媒 CDCl$_3$ による吸収である．

4・4A

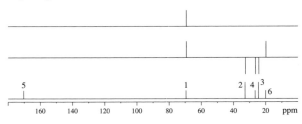

ヘプタン-4-オン

炭素	基準値	α	β	γ	δ	ε	予測値
1	−2.5*	9.1 (2)	9.4 (3)	−2 (COR)	0.3 (5)	0.1 (6)	14.4
2	−2.5*	9.1×2 (1,3)	1 (COR)	−2.5 (5)	0.3 (6)	0.1 (7)	14.6
3	−2.5*	9.1 (2) 30 (COR)	9.4×2 (1,5)	−2.5 (6)	0.3 (7)		53.2
4	211.0						211.0

* メタン．炭素 4 は表 4・19 の 3-ペンタノンの値：表 4・4, 4・6

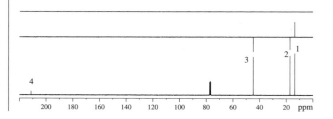

4・4B

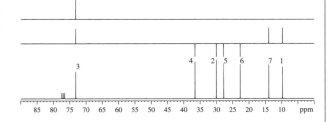

ペンタン-3-オール

炭素	基準値	α	β	γ	δ	ε	予測値
1	−2.5*	9.1(2)	9.4(3)	−2.5(4) −5(OH)	0.3(5)	0.1(6)	8.9
2	−2.5*	9.1×2 (1, 3)	9.4(4) 8(OH)	−2.5(5)	0.3(6)	0.1(7)	31.0
3	−2.5*	9.1×2 (2, 4) 41(OH)	9.4×2 (1, 5)	−2.5(6)	0.3(7)		73.3
4	−2.5*	9.1×2 (3, 5)	9.4×2 (2, 6) 8(OH)	−2.5×2 (1, 7)			37.5
5	−2.5*	9.1×2 (4, 6)	9.4×2 (3, 7)	−2.5(2) −5(OH)	0.3(1)		27.3
6	−2.5*	9.1×2 (5, 7)	9.4(4)	−2.5(3)	0.3(2)	0.1(1)	23.0
7	−2.5*	9.1(6)	9.4(5)	−2.5(4)	0.3(3)	0.1(2)	13.9

* メタン：表 4・4, 4・6

4・4C

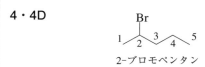

p-ブロモトルエン

炭素	基準値	α(ipso)	β(o)	γ(m)	δ(p)	予測値
1	128.5*	9.3(CH₃)			−1.0 (Br)	136.8
2	128.5*		0.7(CH₃)	2.2(Br)		131.4
3	128.5*		3.4(Br)	−0.1(CH₃)		131.8
4	128.5*	−5.4(Br)			−2.9(CH₃)	120.2
5	21.3					21.3

* ベンゼン．炭素 5 は表 4・12 の置換基の炭素の値：表 4・12

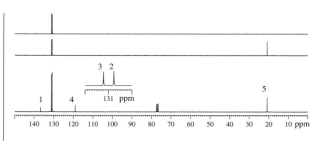

4・4D

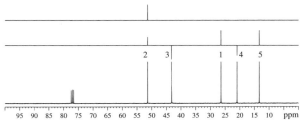

2-ブロモペンタン

炭素	基準値	α	β	γ	δ	予測値
1	−2.5*	9.1(2)	9.4(3) 10(Br)	−2.5(4)	0.3(5)	23.8
2	−2.5*	9.1×2(1, 3) 25(Br)	9.4(4)	−2.5(5)		47.6
3	−2.5*	9.1×2(2, 4)	9.4×2(1, 5) 10(Br)			44.5
4	−2.5*	9.1×2(3, 5)	9.4(2)	−2.5(1) −3(Br)		19.6
5	−2.5*	9.1(4)	9.4(3)	−2.5(2)	0.3(1)	13.8

* メタン：表 4・4, 4・6

4・4E

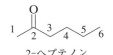

2-ヘプテノン

炭素	基準値	α	β	γ	δ	ε	予測値
1	−2.5*	30(COR)	9.4(3)	−2.5(4)	0.3(5)	0.1(6)	34.8
2	211.0						211.0
3	−2.5*	9.1(4) 30(COR)	9.4×2 (1, 5)	−2.5(6)			52.9

炭素	基準値	α	β	γ	δ	ε	予測値
4	−2.5*	9.1×2 (3, 5)	9.4(6) 1(COR)	−2.5(1)			23.6
5	−2.5*	9.1×2 (4, 6)	9.4(3)	−2 (COR)	0.3(1)		23.4
6	−2.5*	9.1(5)	9.4(4)	−2.5(3)		0.1(1)	13.6

* メタン．炭素2は表4・19の3-ペンタノンの値：表4・4, 4・6

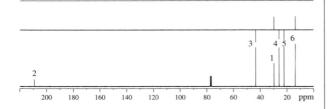

4・4F

プロパン酸

炭素	基準値	α	β	予測値
1	178.1			178.1
2	−2.5*	9.1(3) 21(COOH)		27.6
3	−2.5*	9.1(2)	3(COOH)	9.6

* メタン．炭素1は表4・20の酢酸の値：表4・4, 4・6

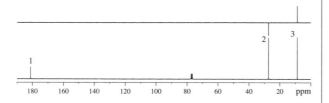

4・4G

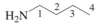

ブチルアミン

炭素	基準値	α	β	γ	予測値
1	−2.5*	9.1(2) 29(NH₂)	9.4(3)	−2.5(4)	42.5
2	−2.5*	9.1×2 (1, 3)	9.4(4) 11(NH₂)		36.1

炭素	基準値	α	β	γ	予測値
3	−2.5*	9.1×2 (2, 4)	9.4(1)	−5(NH₂)	20.1
4	−2.5*	9.1(3)	9.4(2)	−2.5(1)	13.5

* メタン：表4・4, 4・6

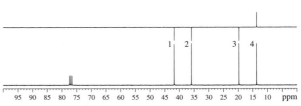

4・4H

プロパルギルアルコール

炭素	基準値	α	予測値
1	68.1		68.1
2	84.5		84.5
3	−2.5*	4.5(C≡CH) 48(OH)	50.0

* メタン．炭素1, 2は表4・11の1-ヘキシンのC-1, C-2の値：表4・6

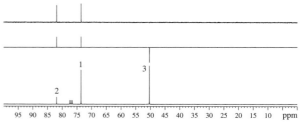

アルキンのDEPT法によるスペクトルは，正しい情報を与えない場合がしばしばある．一般に，≡CHは≡C−よりも著しく強度が大きいので，それによって≡CHと≡C−を区別することができる．

4・4I

1-ニトロプロパン

炭素	基準値	α	β	γ	予測値
1	−2.5*	9.1(2) 63(NO₂)	9.4(3)		79.0
2	−2.5*	9.1×2(1, 3)	4(NO₂)		19.7
3	−2.5*	9.1(2)	9.4(1)	0(NO₂)	16.0

* メタン：表 4・4, 4・6

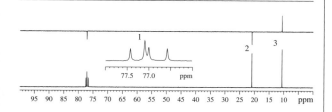

4・4J

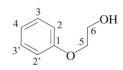

2-フェノキシエタノール

炭素	基準値	α	β	γ	δ	予測値
1	128.5*¹	31.4 (OCH₃)				159.9
2	128.5*¹		−14.4 (OCH₃)			114.1
3	128.5*¹			1.0 (OCH₃)		129.5
4	128.5*¹				−7.7 (OCH₃)	120.8
5	−2.5*²	9.1(6) 58(OR)	10(OH)			74.6
6	−2.5*²	9.1(5) 48(OH)	8(OR)			62.6

*1 ベンゼン，*2 メタン：表 4・4, 4・6, 4・12

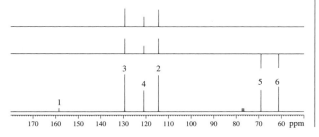

4・4K

エトキシベンゼン

炭素	基準値	α	β	γ	δ	予測値
1	128.5*¹	31.4 (OCH₃)				159.9
2	128.5*¹		−14.4 (OCH₃)			114.1
3	128.5*¹			1.0 (OCH₃)		129.5
4	128.5*¹				−7.7 (OCH₃)	120.8
5	−2.5*²	9.1(6) 58(OR)				64.6
6	−2.5*²	9.1(5)	8(OR)			14.6

*1 ベンゼン，*2 メタン：表 4・4, 4・6, 4・12

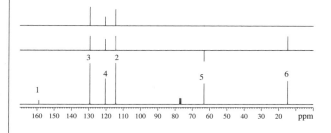

4・4L

ブタン酸メチル

炭素	基準値	α	β	γ	δ	ε	予測値
1	173.3						173.3
2	−2.5*	9.1(3) 20 (COOR)	9.4(4)				36.0
3	−2.5*	9.1×2 (2, 4)	3 (COOR)				18.7
4	−2.5*	9.1(3)	9.4(2)	−2 (COOR)			14.0
5	−2.5*	51 (OCOR)		−2.5(2)	0.3(3)	0.1(4)	46.4

* メタン．炭素1は表 4・20 のプロピオン酸メチルの値：表 4・4, 4・6

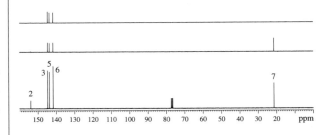

炭素	基準値	α	β	γ	δ	予測値
2	145.6*	9.3(CH₃)				154.9
3	145.6*		0.7(CH₃)			146.3
5	145.6*				−0.1(CH₃)	145.5
6	145.6*			−2.9(CH₃)		142.7
7	21.3					21.3

* 表 4・13 のピラジン, 炭素 7 は表 4・12 の置換基 CH₃ の置換基炭素の値: 表 4・12

4・4M

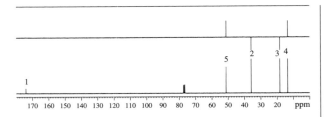

ε-カプロラクタム

炭素	基準値	α	β	γ	予測値
1	174.3				174.3
2	−2.5*	9.1(3) 22(CONH₂)	9.4(4)	−2.5×2 (5, 6)	33.0
3	−2.5*	9.1×2 (2, 4)	9.4(5) 2.5(CONH₂)	−2.5(6)	25.1
4	−2.5*	9.1×2 (3, 5)	9.4×2 (2, 6)	−0.5(CONH₂) −4(NHR)	30.0
5	−2.5*	9.1×2 (4, 6)	9.4(3) 8(NHR)	−2.5(2)	30.6
6	−2.5*	9.1(5) 37(NHR)	9.4(4)	−2.5×2 (2, 3)	48.0

* メタン. 炭素 1 はアセトアミドの値: 表 4・4, 4・6

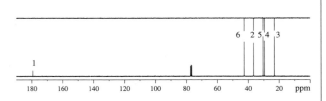

4・4N

2-メチルピラジン

2-メチルピラジンの ¹³C 化学シフトは表 4・13 に掲載されているが, ピラジンを基準として表 4・12 の置換基 CH₃ の増分値を用いた予測値を示す.

4・4O

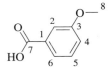

m-メトキシ安息香酸

炭素	基準値	α(ipso)	β(o)	γ(m)	δ(p)	予測値
1	128.5*	2.9((C=O)OH)		1.6(OCH₃)		133.0
2	128.5*		1.3((C=O)OH) −12.7(OCH₃)			117.1
3	128.5*	31.4(OCH₃)		0.4((C=O)OH)		160.3
4	128.5*		−12.7(OCH₃)		4.3((C=O)OH)	120.1
5	128.5*			0.4((C=O)OH) 1.6(OCH₃)		130.5
6	128.5*		1.3((C=O)OH)		−7.3(OCH₃)	122.5
7	168.0					168.0
8	54.1					54.1

* ベンゼン. 炭素 7, 8 は表 4・12 の置換基 (C=O)OH, OCH₃ の置換基炭素の値: 表 4・12

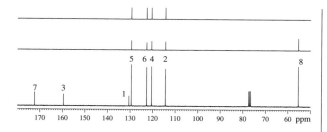

4・4P

1-クロロ-4-ニトロベンゼン

炭素	基準値	α(ipso)	β(o)	γ(m)	δ(p)	予測値
1	128.5*	6.4(Cl)			6.0(NO₂)	140.9
2	128.5*		0.2(Cl)	0.9(NO₂)		129.6
3	128.5*		−5.3(NO₂)	1.0(Cl)		124.2
4	128.5*	19.6(NO₂)			−2.0(Cl)	146.1

* ベンゼン：表4・12

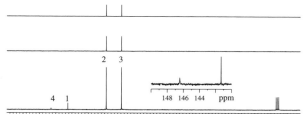

4・4Q

7-ブロモヘプタン酸

炭素	基準値	α	β	γ	δ	ε	予測値
1	178.1						178.1
2	−2.5*	9.1(3) 21(COOH)	9.4(4)	−2.5(5)	0.3(6)	0.1(7)	34.9
3	−2.5*	9.1×2 (2,4)	9.4(5) 3(COOH)	−2.5(6)	0.3(7)		25.9
4	−2.5*	9.1×2 (3,5)	9.4×2 (2,6)	−2.5(7) −2(COOH)			30.0
5	−2.5*	9.1×2 (4,6)	9.4×2 (3,7)	−2.5(2) −3(Br)			29.0
6	−2.5*	9.1×2 (5,7)	9.4(4) 11(Br)	−2.5(3)	0.3(2)		33.9
7	−2.5*	9.1(6) 20(Br)	9.4(5)	−2.5(4)	0.3(3)	0.1(2)	33.9

* メタン．炭素1は表4・20の酢酸の値：表4・4, 4・6

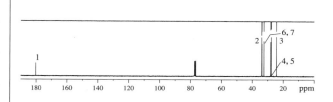

4・4R

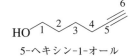

5-ヘキシン-1-オール

炭素	基準値	α	β	γ	予測値
1	−2.5*	9.1(2) 48(OH)	9.4(3)	−2.5(4)	61.5
2	−2.5*	9.1×2 (1,3)	9.4(4) 10(OH)	−3.5(C≡CH)	31.6
3	−2.5*	9.1×2 (2,4)	9.4(1) 5.5(C≡CH)	−5(OH)	25.6
4	−2.5*	9.1(3) 4.5(C≡CH)	9.4(2)	−2.5(1)	18.0
5	84.5				84.5
6	68.1				68.1

* メタン．炭素5,6は表4・11の1-ヘキシンのC-2, C-1の値：表4・4, 4・6

4・4T

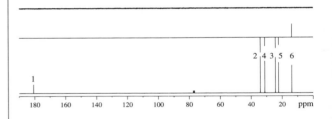

ヘキサン酸

炭素	基準値	α	β	γ	δ	予測値
1	178.1					178.1
2	−2.5*	9.1(3) 21 (COOH)	9.4(4)	−2.5(5)	0.3(6)	34.8
3	−2.5*	9.1×2 (2, 4)	9.4(5) 3 (COOH)	−2.5(6)		25.6
4	−2.5*	9.1×2 (3, 5)	9.4×2 (2, 6)	−2 (COOH)		32.5
5	−2.5*	9.1×2 (4, 6)	9.4(3)	−2.5(2)		22.6
6	−2.5*	9.1(5)	9.4(4)	−2.5(3)	0.3(2)	13.8

* メタン. 炭素1は表4・20の酢酸の値：表4・4, 4・6

4・4H と同様，アルキンの DEPT 法によるスペクトルは，正しい情報を与えない場合がしばしばある．一般に，≡CH は ≡C− よりも著しく強度が大きいので，それによって ≡CH と ≡C− を区別することができる．

4・4S

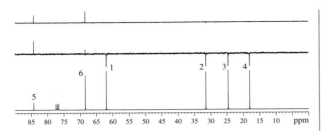

6-メチル-5-ヘプテン-2-オン

炭素	基準値	α	β	γ	δ	ε	予測値
1	−2.5*1	30(COR)	9.4(3)	−2.5(4)	0.3(5)	0.1(6)	34.8
2	206.7						206.7
3	−2.5*1	9.1(4) 30(COR)	9.4(1) 6 (CH=CH₂)		0.3×2 (7, 8)		52.6
4	−2.5*1	9.1(3) 20 (CH=CH₂)	1(COR)	−2.5×3 (1, 7, 8)			20.1
5	123.3*2	10.6(4) −7.9×2 (7', 8')	7.2(3)				125.3
6	123.3*2	10.6×2 (7, 8) −7.9(4')	−1.8(3')				134.8
7	25.3				0.3(3)		25.6
8	16.9				0.3(3)		17.2

*1 メタン，*2 エチレン．炭素2は表4・19のアセトン，炭素7, 8は表4・9の2-メチル-2-ブテンの値：表4・4, 4・6, p.209の表

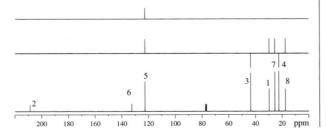

4・4U

2,6-ジクロロフェノール

炭素	基準値	α(ipso)	β(o)	γ(m)	δ(p)	予測値
1	128.5*	26.6(OH)	0.2×2 (Cl)			155.5
2	128.5*	6.4(Cl)	−12.7(OH)	1.0(Cl)		123.2
3	128.5*		0.2(Cl)	1.6(OH)	−2.0(Cl)	128.3
4	128.5*			1.0×2 (Cl)	−7.3(OH)	123.2

* ベンゼン：表4・12

4章練習問題の解答

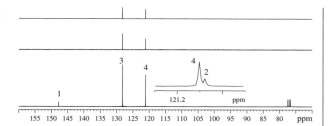

4・4V

2,6-ジメチルフェノール

炭素	基準値	α(ipso)	β(o)	γ(m)	δ(p)	予測値
1	128.5*	26.6(OH)	0.7×2 (CH₃)			156.5
2	128.5*	9.3(CH₃)	−12.7(OH)	−0.1(CH₃)		125.0
3	128.5*		0.7(CH₃)	1.6(OH)	−2.9(CH₃)	127.9
4	128.5*			−0.1×2 (CH₃)	−7.3(OH)	121.0
5	21.3					21.3

* ベンゼン．炭素 5 は表 4・12 の置換基の炭素の値：表 4・12

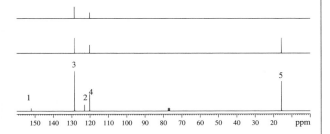

4・4W

シクロヘキサ-2-エン-1-オン

炭素	基準値	α	β	γ	他	予測値
1	196.9					196.9
2	137.5	−7.9(4')	−1.8(5')		−1.1(Z)	126.7
3	128.6	10.6(4)	7.2(5)		−1.1(Z)	145.3
4	24.6	20 (CH=CH₂)				44.6
5	26.6		6 (CH=CH₂)	−0.5 (CH=CH₂)		32.1
6	41.8		6 (CH=CH₂)	−0.5 (CH=CH₂)		47.3

炭素 1, 2, 3 は表 4・19 のメチルビニルケトンの C=O, α, β 位炭素の値，炭素 4, 5, 6 は表 4・19 のシクロヘキサノンの 4, 3, 2 位炭素の値

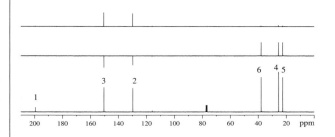

4・5 一般に，観測している核に核スピン I をもつ等価な核が n 個結合している場合，核のピークは $2nI+1$ に分裂する（3・5・1 節，4・2・7 節参照）．重水素 D はスピン量子数 $I=1$ であるから，D が 1 個結合している場合，等しい強度の 3 本に分裂することになる．したがって，¹³CDCl₃ の ¹³C NMR には等強度の 3 本の吸収線が現れる．

¹³CD₂Cl₂ の場合は，$2×2×1+1=5$ となり，5 本の吸収線が現れる．分裂したピークの強度比は図 1 の枝分かれ図から，1:2:3:2:1 となる．

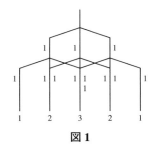

図1

¹³CD₃Cl の場合は，$2×3×1+1=7$ となり，7 本の吸収線が現れる．分裂したピークの強度比は図 2 の枝分かれ図から，1:3:6:7:6:3:1 となる．

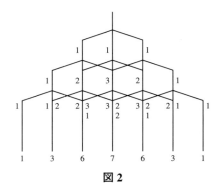

図2

4・6 それぞれの ^{13}C NMR スペクトルについて，スペクトルから得られる情報を述べ，分子式を考慮することによって決定される構造を示す．決定された構造に基づいて，それぞれの炭素原子の化学シフトを予測し，その予測値と実際のスペクトルを対比させることによって炭素原子の帰属を行う．予測値とその算出方法を表に示し，それに基づいた帰属を示す．ただし，予測値にもかなりの誤差があるので，接近した化学シフトをもつ炭素原子の帰属は推定の域をでない．

4・6A

3種類の炭素があり，DEPT 135 スペクトルからすべて CH_2 であることがわかる．分子式は炭素5個であるので対称構造をもつことがわかり，構造が決定される．

Br–1–2–3–2'–1'–Br

1,5-ジブロモペンタン

炭素	基準値	α	β	γ	δ	予測値
1	−2.5*	9.1 (2) 20 (Br)	9.4 (3)	−2.5 (2')	0.3 (1')	33.8
2	−2.5*	9.1×2 (1, 3)	9.4 (2') 11 (Br)	−2.5 (1')		33.6
3	−2.5*	9.1×2 (2, 2')	9.4×2 (1, 1')	−3×2 (Br)		28.5

* メタン：表4・4, 4・6

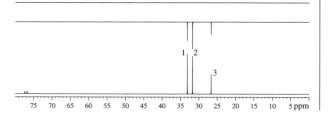

4・6B

スペクトルから CH_3 が1個あるが，化学シフト 22.0 ppm から OCH_3 ではないことがわかる．芳香族領域に6個の炭素が観測され，CH が4個，プロトンが結合していない炭素が2個あることから，二置換ベンゼンであり，o-置換体か，m-置換体である．173.6 ppm のピークはカルボン酸かエステルの C=O に帰属される．これらの情報から，化合物は o- あるいは m-トルイル酸と推定される．それぞれの炭素原子の化学シフトの予想値は次の表のようになる．

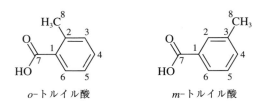

o-トルイル酸 m-トルイル酸

【o-トルイル酸】

炭素	基準値	α(ipso)	β(o)	γ(m)	δ(p)	予測値
1	128.5*	2.9 ((C=O)OH)	0.7 (CH$_3$)			132.1†
2	128.5*	9.3 (CH$_3$)	1.3 ((C=O)OH)			139.1†
3	128.5*		0.7 (CH$_3$)	0.4 ((C=O)OH)		129.6
4	128.5*			−0.1 (CH$_3$)	4.3 ((C=O)OH)	132.7
5	128.5*			0.4 ((C=O)OH)	−2.9 (CH$_3$)	126.0
6	128.5*		1.3 ((C=O)OH)	−0.1 (CH$_3$)		129.7
7	168.0					168.0
8	21.3					21.3

* ベンゼン．炭素 7, 8 は表 4・12 の置換基 (C=O)OH, CH$_3$ の置換基炭素の値：表 4・12 (予測値の † は H が結合していない芳香族炭素を示す.)

【m-トルイル酸】

炭素	基準値	α(ipso)	β(o)	γ(m)	δ(p)	予測値
1	128.5*	2.9 ((C=O)OH)		−0.1 (CH$_3$)		131.3†
2	128.5*		1.3 ((C=O)OH) 0.7 (CH$_3$)			130.5
3	128.5*	9.3 (CH$_3$)		0.4 ((C=O)OH)		138.2†

炭素	基準値	α(ipso)	β(o)	γ(m)	δ(p)	予測値
4	128.5*		0.7(CH₃)		4.3 ((C=O)OH)	133.5
5	128.5*			0.4 ((C=O)OH) −0.1(CH₃)		128.8
6	128.5*		1.3 ((C=O)OH)		−2.9(CH₃)	126.9
7	168.0					168.0
8	21.3					21.3

* ベンゼン．炭素 7, 8 は表 4・12 の (C=O)OH, CH₃ の置換基炭素の値：表 4・12 (予測値の † は H のない芳香族炭素を示す：表 4・12

o-トルイル酸, m-トルイル酸のいずれも実際のスペクトルとの一致はあまりよくないが, o-トルイル酸の方が, 132.9 ppm の最も非遮蔽された領域に現れる CH 炭素の予測値がより近いこと，あるいは二つの CH 炭素が接近した化学シフトをもつことなど，実際のスペクトルをよりよく再現しているように思われる．実際，この ^{13}C NMR スペクトルは o-トルイル酸のスペクトルであり，以下のように帰属される．

4・6C

CH₃ が 1 個と CH₂ が 5 個存在することがわかる．分子式は炭素 12 個であるので対称構造をもつことがわかり，構造が決定される．

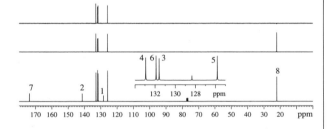

ジヘキシルアミン

炭素	基準値	α	β	γ	δ	ε	予測値
1	−2.5*	9.1(2)	9.4(3)	−2.5(4)	0.3(5)	0.1(6)	13.9
2	−2.5*	9.1×2 (1,3)	9.4(4)	−2.5(5)	0.3(6)		22.9
3	−2.5*	9.1×2 (2,4)	9.4×2 (1,5)	−2.5(6)			32.0

炭素	基準値	α	β	γ	δ	ε	予測値
4	−2.5*	9.1×2 (3,5)	9.4×2 (2,6)	−2.5(6) −4(NHR)			28.0
5	−2.5*	9.1×2 (4,6)	9.4(3) 8(NHR)	−2.5(2)	0.3(1)		30.9
6	−2.5*	9.1(5) 37(NHR)	9.4(4)	−2.5(3)	0.3(2)	0.1(1)	50.9

* メタン：表 4・4, 4・6

4・6D

CH₃ が 1 個と CH₂ が 3 個，さらに 3 種類の芳香族炭素が存在する．164.7 ppm のピークはカルボン酸かエステルの C=O に帰属される．8 種類の炭素に対して分子式は炭素 16 個であるので，対称構造をもつことが推定される．芳香族炭素の数から，下図のような o-置換体であること

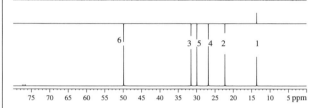

がわかる．CH₂ の一つが 65.4 ppm と非遮蔽された領域に現れていることから，−C(=O)OCH₂− の構造が推定される．残りの 2 個の CH₂ は 18.8 ppm と 30.3 ppm に現れており，これらは CH₂CH₂CH₂CH₃ の構造と矛盾しない．以上より，構造が決定される．

フタル酸ジブチル

炭素	基準値	α(ipso)	β(o)	γ(m)	δ(p)	予測値
1	128.5*¹	2.0 ((C=O)OR)	1.2 ((C=O)OR)			131.7
2	128.5*¹		1.2 ((C=O)OR)	−0.1 ((C=O)OR)		129.6
3	128.5*¹			−0.1 ((C=O)OR)	4.8 ((C=O)OR)	133.2

炭素	基準値	α(ipso)	β(o)	γ(m)	δ(p)	予測値
4	166.8					166.8
5	−2.5*2	9.1(6) 51(OCOR)	9.4(7)	−2.5(8)		64.5
6	−2.5*2	9.1×2 (5,7) 6(OCOR)	9.4(8)			31.1
7	−2.5*2	9.1×2 (6,8)	9.4(5)	−3(OCOR)		22.1
8	−2.5*2	9.1(7)	9.4(6)	−2.5(5)		13.5

*1 ベンゼン, *2 メタン. 炭素4は表4・12の置換基の炭素の値: 表4・4, 4・6, 4・12

炭素	基準値	α	β	γ	δ	ε	予測値
5	123.3*2	10.6×2 (4,7)	7.2(3)	−1.5(2)			150.2
6	123.3*2	−7.9×2 (4',7')	−1.8(3')	−1.5(2')			104.2
7	−2.5*2	20 (CH=CH2)		9.4(4)	−2.5(3)		24.4

*1 メタン, *2 エチレン. 炭素2は表4・19のアセトンの値: 表4・4, 4・6, p.209の表

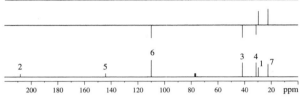

4・6E

CH₃ が 2 個, CH₂ が 3 個, C が 1 個存在する. 208.3 ppm のピークはケトンの C=O に帰属される. 144.2 ppm の C と 144.2 ppm の CH₂ はかなり非遮蔽された領域にあることから, アルケン炭素に帰属される. 22.6 ppm と 29.3 ppm の CH₃ はいずれもアルカンの末端 CH₃ よりも非遮蔽された領域にあるので, C=C および C=O に結合した CH₃ と推測される. これらから, CH₂=C(CH₃)− と CH₃C(=O)− の存在が決まり, 構造が決定される.

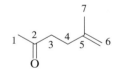

5-メチルヘキサ-5-エン-2-オン

炭素	基準値	α	β	γ	δ	ε	予測値
1	−2.5*1	30(COR)	9.4(3)	−2.5(4)	0.3(5)	0.1×2 (6,7)	34.9
2	206.7						206.7
3	−2.5*1	9.1(4) 30(COR)	9.4(1) 6 (CH=CH₂)	−2.5(7)			49.5
4	−2.5*1	9.1(3) 20 (CH=CH₂)	9.4(7) 1(COR)	−2.5(1)			34.5

4・6F

CH₃ が 1 個, CH₂ が 5 個存在する. 75〜85 ppm にある 2 個の C はアルキン炭素の領域にあり (表4・11参照), −C≡C− の存在が推定される. 分子式からこれらの部分を差引くと OH が残るので, 61.2 ppm の CH₂ は −CH₂OH の炭素と帰属される. これらの情報から, 化合物は次のような一般式で表される構造となる.

$$HO-(CH_2)_n-C\equiv C-(CH_2)_{5-n}-CH_3 \quad (n=1\sim 5)$$

$n=1$ では HO−CH₂−C≡C− の構造をもつが, この CH₂ の化学シフトはメタンを基準として −2.5+48+4.5=50.0 と予想され (表4・4, 4・6 参照, 置換基 C≡C の値として C≡CH の値を用いた), 実測値 61.2 ppm を再現しない. また, $n=5$ では CH₃−C≡C− の構造をもつが, 表4・11 に示されている 2-ヘキシンの C1 が 2.7 ppm であることから, $n=5$ は除外される. さらに, $n=4$ では CH₃−CH₂−C≡C− の構造をもつが, 表4・11 に示されている 3-ヘキシンの C1 と C2 がそれぞれ 15.4 ppm と 13.0 ppm であるのに対して, 問題のスペクトルは 16 ppm より小さい化学シフトをもつピークは一つしかない. したがって, $n=4$ も除外される.

以上より, $n=2,3$ に対応するオクタ-3-イン-1-オールか, オクタ-4-イン-1-オールのいずれかと推定される. それぞれの炭素原子の化学シフトの予想値は次の表のようになる.

$$HO-\underset{1}{CH_2}\underset{2}{CH_2}-\underset{3}{C}\equiv\underset{4}{C}-\underset{5}{CH_2}\underset{6}{CH_2}\underset{7}{CH_2}\underset{8}{CH_3}$$

オクタ-3-イン-1-オール

$$HO-\underset{1}{CH_2}\underset{2}{CH_2}\underset{3}{CH_2}-\underset{4}{C}\equiv\underset{5}{C}-\underset{6}{CH_2}\underset{7}{CH_2}\underset{8}{CH_3}$$

オクタ-4-イン-1-オール

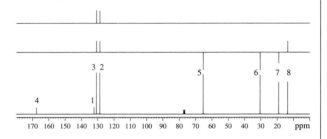

【オクタ-3-イン-1-オール】

炭素	基準値	α	β	γ	δ	ε	予測値
1	−2.5*	9.1(2) 48(OH)	5.5 (C≡CH)				60.1
2	−2.5*	9.1(1) 4.5 (C≡CH)	10(OH)				21.1
3	73.6		9.4(1)	−2.5(6) −5(OH)	0.3(7)	0.1(8)	75.9
4	73.6		9.4(6)	−2.5×2 (1, 7)	0.3(8)		78.3
5	−2.5*	9.1(6) 4.5 (C≡CH)	9.4(7)	−2.5(8)			18.0
6	−2.5*	9.1×2 (5, 7)	9.4(8) 5.5 (C≡CH)				30.6
7	−2.5*	9.1×2 (6, 8)	9.4(5) (C≡CH)	−3.5			21.6
8	−2.5*	9.1(7)	9.4(6)	−2.5(5)			13.5

* メタン,炭素 3, 4 は表 4・11 の 2-ブチンの C-2 の値:表 4・4,4・6

【オクタ-4-イン-1-オール】

炭素	基準値	α	β	γ	δ	予測値
1	−2.5*	9.1(2) 48(OH)	9.4(3)	−3.5 (C≡CH)		60.5
2	−2.5*	9.1×2 (1, 3)	10(OH) 5.5 (C≡CH)			31.2
3	−2.5*	9.1(2) 4.5 (C≡CH)	9.4(1)	−5(OH)		15.5
4	73.6		9.4(2)	−2.5×2 (1, 7)	0.3(8)	78.3
5	73.6		9.4(7)	−2.5×2 (2, 8)	0.3(1)	78.3
6	−2.5*	9.1(7) 4.5 (C≡CH)	9.4(8)			20.5
7	−2.5*	9.1×2 (6, 8)	5.5 (C≡CH)			21.2
8	−2.5*	9.1(7)	9.4(6)	−3.5 (C≡CH)		12.5

* メタン,炭素 4, 5 は表 4・11 の 2-ブチンの C-2 の値:表 4・4,4・6

オクタ-4-イン-1-オールでは2個のアルキン炭素が異なる予測値を与える要因はないが,オクタ-3-イン-1-オールではそれぞれのγ位が OH と CH₂ と異なるため予測値も異なっており,問題のスペクトルを再現している.また,オクタ-3-イン-1-オールの予測値は 16 ppm より小さい化学シフトをもつピークは一つしかないことなど,オクタ-4-イン-1-オールよりも全体としてスペクトルをよく再現しているように思われる.この結果から,構造は<mark>オクタ-3-イン-1-オール</mark>と推定される.各ピークは予測値に基づいて,以下のように帰属される.

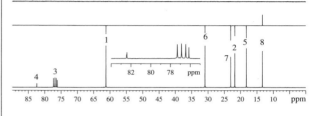

4・7 *o*-, *m*-, *p*-置換体ごとにまとめて解答する.対称要素は置換様式のみを考慮し,ベンゼン環の平面を含む鏡面は省略した.¹³C NMR スペクトルは,化学シフトは表に示した予測値とし,強度はそのピークを与える炭素原子数に比例することを仮定している.

【*o*-フタル酸ジエチル】

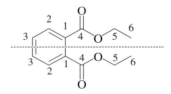

対称要素:上図破線を通る鏡面,2回対称軸
非等価な炭素原子:6種類
非等価な水素原子:4種類(炭素 2, 3, 5, 6 に結合しているプロトンは互いに非等価であり,積分強度は 1:1:2:3 となる)

炭素	基準値	α(ipso)	β(o)	γ(m)	δ(p)	予測値
1	128.5*¹	2.0 ((C=O)OR)	1.2 ((C=O)OR)			131.7
2	128.5*¹		1.2 ((C=O)OR)	−0.1 ((C=O)OR)		129.6
3	128.5*¹			−0.1 ((C=O)OR)	4.8 ((C=O)OR)	133.2
4	166.8					166.8
5	−2.5*²	9.1(6) 51(OCOR)				57.6

炭素	基準値	α(ipso)	β(o)	γ(m)	δ(p)	予測値
6	−2.5*2	9.1(5)	6(OCOR)			12.6

*1 ベンゼン，*2 メタン．炭素4は表4・12の置換基の炭素の値：表4・4，4・6，4・12

炭素	基準値	α(ipso)	β(o)	γ(m)	δ(p)	予測値
7	−2.5*	9.1(5)	6(OCOR)			12.6

*1 ベンゼン，*2 メタン．炭素5は表4・12の置換基の炭素の値：表4・4，4・6，4・12

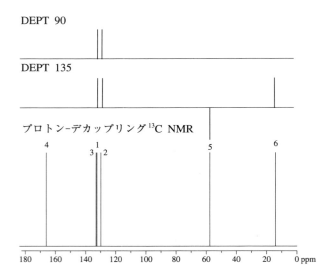

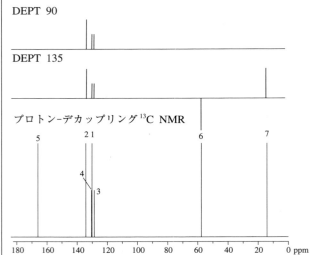

【m-フタル酸ジエチル】

対称要素：上図破線を通る鏡面，2回対称軸
非等価な炭素原子：7種類
非等価な水素原子：5種類（炭素2, 3, 4, 6, 7に結合しているプロトンは互いに非等価であり，積分強度は2:1:1:4:6となる）

炭素	基準値	α(ipso)	β(o)	γ(m)	δ(p)	予測値
1	128.5*	2.0 ((C=O)OR)		−0.1 ((C=O)OR)		130.4
2	128.5*		1.2 ((C=O)OR)		4.8 ((C=O)OR)	134.5
3	128.5*			−0.1×2 ((C=O)OR)		128.3
4	128.5*		1.2×2 ((C=O)OR)			130.9
5	166.8					166.8
6	−2.5*	9.1(6) 51(OCOR)				57.6

【p-フタル酸ジエチル】

対称要素：上図破線を通る二つの鏡面，2回対称軸が3本，および対称心
非等価な炭素原子：5種類
非等価な水素原子：3種類（炭素2, 4, 5に結合しているプロトンは互いに非等価であり，積分強度は2:2:3となる）

炭素	基準値	α(ipso)	β(o)	γ(m)	δ(p)	予測値
1	128.5*1	2.0 ((C=O)OR)			4.8 ((C=O)OR)	135.3
2	128.5*1		1.2 ((C=O)OR)	−0.1 ((C=O)OR)		129.6
3	166.8					166.8
4	−2.5*2	9.1(6) 51(OCOR)				57.6
5	−2.5*2	9.1(5)	6(OCOR)			12.6

*1 ベンゼン，*2 メタン．炭素3は表4・12の置換基の炭素の値：表4・4，4・6，4・12

4章練習問題の解答   49

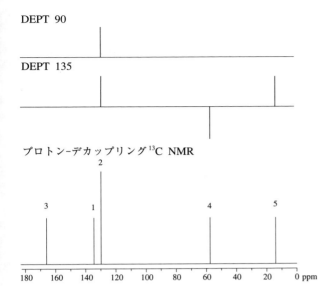

5 二次元 NMR 分光法

練習問題の解答

5・1 化合物 a についてだけ一通り説明し，他の化合物については必要に応じて説明を加える．^{1}H の化学シフトは練習問題 3・2 において，^{13}C の化学シフトは練習問題 4・2 において予測した値を用いている．^{1}H と ^{13}C を示す番号と，命名法の位置番号は必ずしも一致しない．

化合物 a

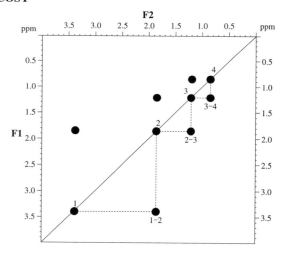

番号	^{1}H (ppm)	^{13}C (ppm)
1	3.40	33.5
2	1.85	36.1
3	1.20	22.1
4	0.85	13.5

COSY

縦軸 (F1) と横軸 (F2) はともに ^{1}H の化学シフトである．F1 と F2 が同じ値の点を結ぶ対角線を引き，H1〜H4 の化学シフトの対角線上に対角ピークを示す．COSY は ^{1}H–^{1}H スピンカップリングの相関を示すので，互いにカップリングしているシグナル間に交差ピークを示す．1-ブロモブタンの場合は，ビシナルカップリング $^3J_{HH}$ を考慮すればよい．したがって，H1-H2, H2-H3, H3-H4 のシグナルが交差する位置に交差ピークを示す．

HMQC

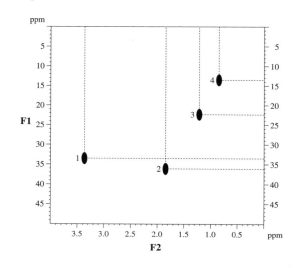

縦軸 (F1) は ^{13}C の化学シフト，横軸 (F2) は ^{1}H の化学シフトである．HMQC は直接結合した ^{1}H と ^{13}C のカップリング $^1J_{CH}$ により相関する．したがって，H1-C1, H2-C2, H3-C3, H4-C4 が交差する位置に交差ピークを示す．

HMBC

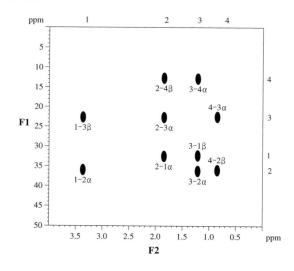

練習問題 5・1（つづき）

縦軸 (F1) は ^{13}C の化学シフト, 横軸 (F2) は ^{1}H の化学シフトである. HMBC は 2 結合および 3 結合を通したカップリング $^2J_{CH}$(α) と $^3J_{CH}$(β) により相関する. したがって, H1-C2(α),C3(β), H2-C1(α),C3(α),C4(β), H3-C1(β),C2(α),C4(α), H4-C2(β),C3(α) の交差する位置に交差ピークを示す.

INADEQUATE

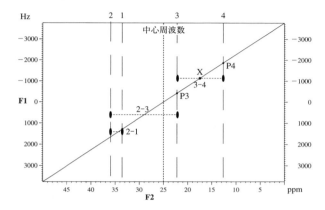

縦軸 (F1) は ^{13}C の化学シフト (Hz 単位), 横軸 (F2) は ^{13}C の化学シフト (ppm 単位) である. 各シグナルの化学シフトを考慮して F2 軸を 0～50 ppm とすると, 縦軸の範囲は 7545 Hz (^{13}C の共鳴周波数を 150.9 MHz とする) となる. 化学シフトの中央値である 25 ppm をトランスミッターの中心周波数と仮定する. まず, スペクトルを示す四角形の枠を書き, 右上から左下への対角線を引く. INADEQUATE は直接結合した ^{13}C どうしのカップリング ($^1J_{CC}$) により相関する. したがって, C1-C2, C2-C3, C3-C4 の相関を示せばよい. まず, F1 軸の上部に, C1～C4 の化学シフトの位置を書き込み, 下に向かって垂線を伸ばす. C3 と C4 の連結については, C3 と C4 からの垂線と対角線の交点をそれぞれ P3, P4 とし, P3 と P4 の中点 X を通る水平線を引き, この水平線と C3 と C4 からの垂線の交点に交差ピークを示す. このようにして示した 2 個の交差ピークの中点は, 対角線上にある. 同じようにして, C1-C2, C2-C3 の交差ピークを示す.

練習問題 5・1（つづき）

化合物 b

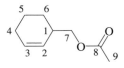

酢酸(シクロヘキサ-2-エン-1-イル)メチル

番号	^{1}H(ppm)	^{13}C(ppm)	番号	^{1}H(ppm)	^{13}C(ppm)
1	2.80	37.5	6	1.80	35.0
2	5.59	131.5	7	4.05	68.3
3	5.59	125.5	8	—	170.5
4	1.96	33.8	9	2.10	20.7
5	1.65	28.6			

COSY

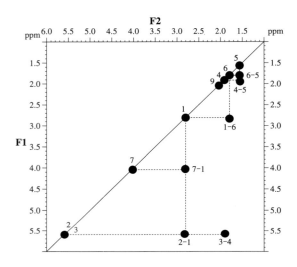

HMBC

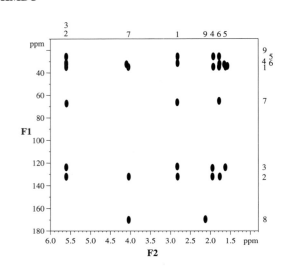

HMQC

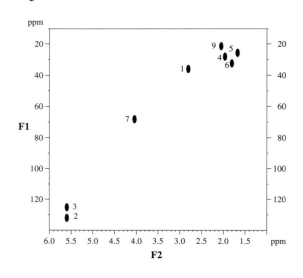

INADEQUATE

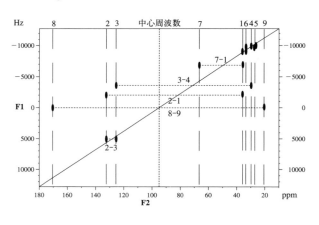

COSY では遠隔カップリングは考慮していない（実測のスペクトルではアリル位のカップリングによる相関が現れる可能性がある）．また，対角線に対して対称な交差ピークが現れるので，対角線の右下の交差ピークだけを示す．HMQC では $^1J_{CH}$ による相関だけを，HMBC では $^2J_{CH}(\alpha)$ と $^3J_{CH}(\beta)$ による相関だけを考慮している．以下の化合物のスペクトルについても同様である．

練習問題 5・1（つづき）

化合物 c

1-(シクロヘキサ-1,5-ジエン-1-イル)-3-ヒドロキシ-2-メチルプロパン-1-オン

番号	^{1}H(ppm)	^{13}C(ppm)	番号	^{1}H(ppm)	^{13}C(ppm)
1	—	134.0	7	—	196.9
2	6.68	150.9	8	2.65	51.9
3	2.05	20.3	9	3.20	62.1
4	2.05	22.3	10	1.05	10.5
5	5.68	123.1	OH	0.5〜4.0	—
6	6.22	125.1			

アルコールの OH の ^{1}H シグナルは，関連化合物の実測スペクトルを参考にして化学シフトを 2.2 ppm とした．

COSY

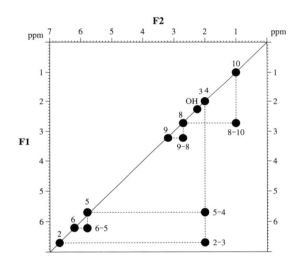

HMBC

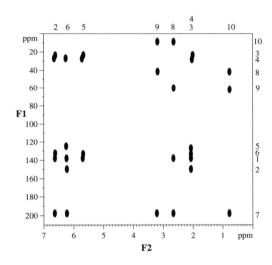

HMQC

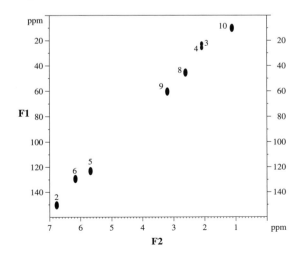

INADEQUATE

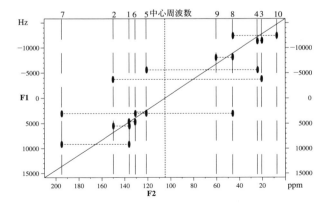

練習問題 5・1（つづき）
化合物 d

ペンタ-1-イン

番号	¹H(ppm)	¹³C(ppm)
1	1.80	68.1
2	—	84.5
3	2.20	20.5
4	1.50	21.2
5	0.85	12.5

　COSY において H1 と H3 の間の遠隔カップリングは考慮していない．

COSY

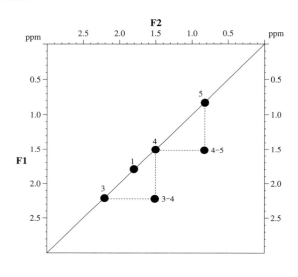

HMBC

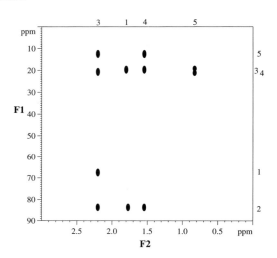

HMQC

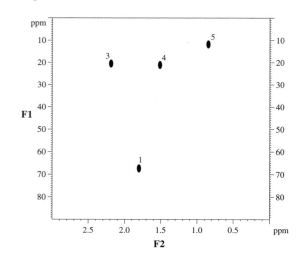

INADEQUATE

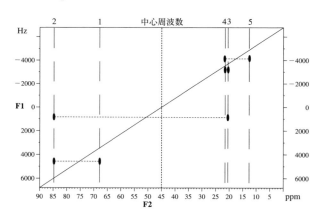

練習問題 5・1（つづき）

化合物 e

ヘキサ-3-エン-2-オン

番号	¹H (ppm)	¹³C (ppm)
1	1.86	33.9
2	—	194.7
3	6.09	127.8
4	6.82	146.4
5	2.05	24.9
6	1.00	12.7

COSY

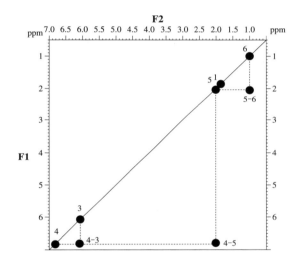

HMBC

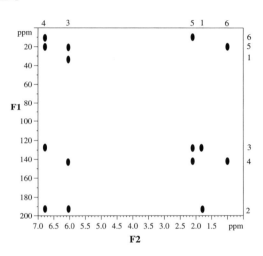

HMQC

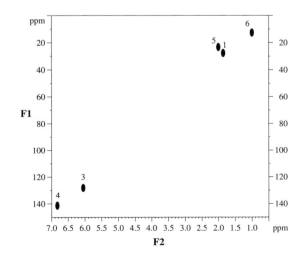

INADEQUATE

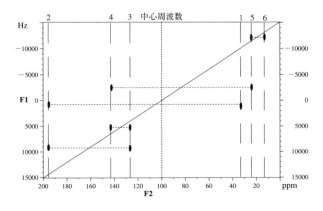

練習問題 5・1（つづき）

化合物 f

1-メトキシブタ-1-エン

番号	^{1}H(ppm)	^{13}C(ppm)
1	3.20	52.9
2	6.14	143.5
3	4.63	102.0
4	2.05	22.9
5	1.00	12.7

COSY

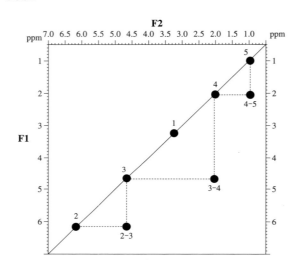

HMBC

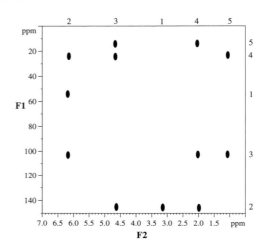

HMQC

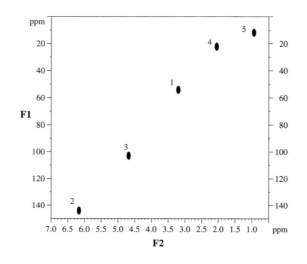

INADEQUATE

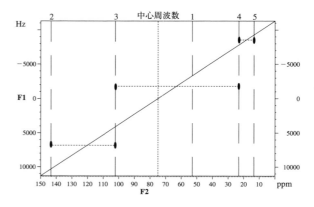

練習問題 5・1（つづき）

化合物 g

N-メチルカルバミン酸プロピル

番号	¹H(ppm)	¹³C(ppm)
1	2.95	30.9
2	—	158.1
3	4.10	63.3
4	1.60	20.7
5	0.85	13.0
NH	4.5〜7.5	—

アミドの NH の ¹H シグナルは，実測スペクトルを参考にして化学シフトを 6.1 ppm とした．

COSY

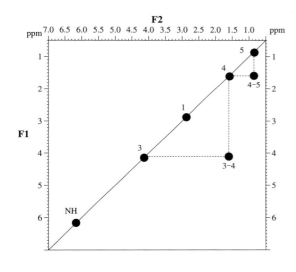

HMBC

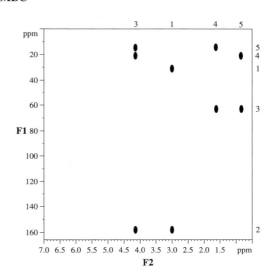

HMQC

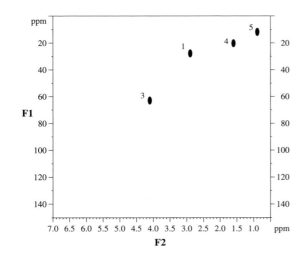

INADEQUATE

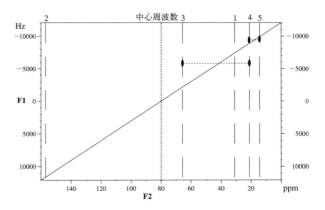

練習問題 5・1（つづき）

化合物 h

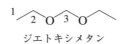
ジエトキシメタン

番号	^{1}H(ppm)	^{13}C(ppm)
1	1.20	14.6
2	3.40	64.6
3	4.95	113.5

COSY

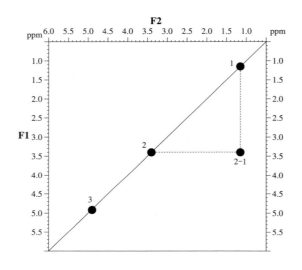

HMBC

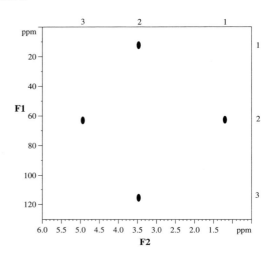

HMQC

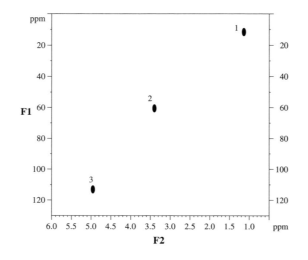

INADEQUATE

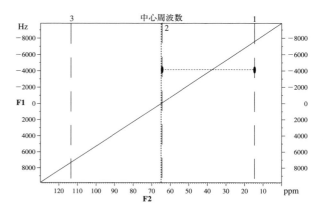

練習問題 5・1（つづき）

化合物 i

2-メチルペンタン-2-オール

番号	¹H(ppm)	¹³C(ppm)	番号	¹H(ppm)	¹³C(ppm)
1	1.20	27.8	5	0.85	14.1
2	—	61.3	6	1.20	27.8
3	1.50	44.7	OH	0.5〜4.0	—
4	1.20	15.1			

　アルコールの OH の ¹H シグナルは，実測スペクトルを参考にして化学シフトを 1.9 ppm とした．

COSY

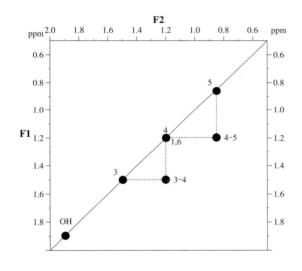

HMBC

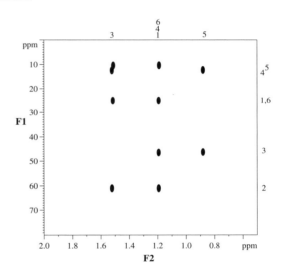

HMQC

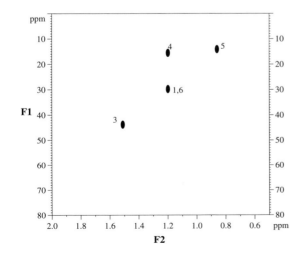

INADEQUATE

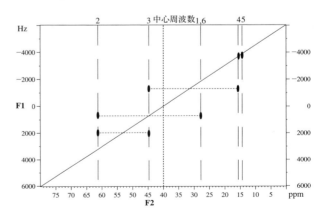

練習問題 5・1（つづき）

化合物 j

1,4-ビス(メチルチオ)ブタン

番号	^{1}H(ppm)	^{13}C(ppm)
1	2.10	17.5
2	2.60	33.5
3	1.60	29.1

COSY

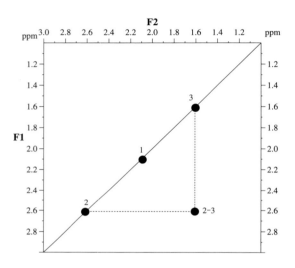

HMBC

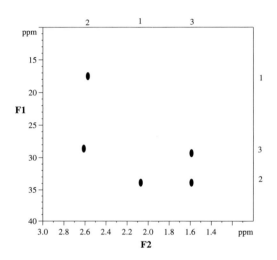

HMQC

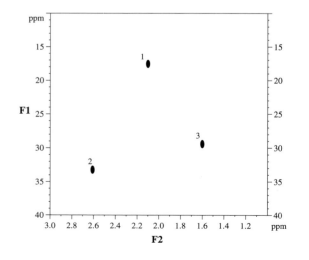

INADEQUATE

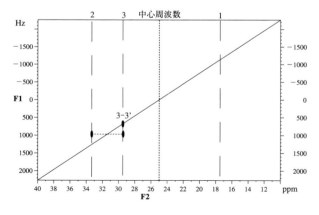

練習問題 5・1（つづき）

化合物 k

N,N,4-トリメチルベンズアミド

番号	^{1}H(ppm)	^{13}C(ppm)	番号	^{1}H(ppm)	^{13}C(ppm)
1	—	130.6	5	—	169.5
2	7.80	127.2	6	2.95	37.6
3	7.25	129.2	7	2.95	37.6
4	—	141.2	8	2.25	21.3

COSY

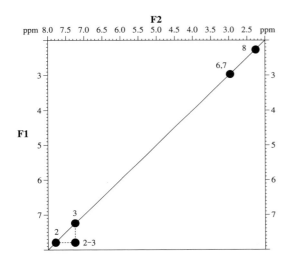

HMBC

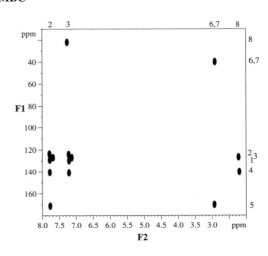

HMQC

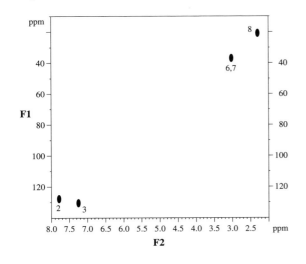

INADEQUATE

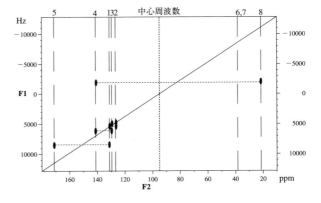

練習問題 5・1（つづき）

化合物 I

1-(2-ヒドロキシフェニル)エタノン

番号	¹H(ppm)	¹³C(ppm)	番号	¹H(ppm)	¹³C(ppm)
1	—	123.6	6	7.70	129.7
2	—	154.7	7	—	195.7
3	6.85	115.4	8	2.40	24.6
4	7.05	132.9	OH	5.5〜12.5	—
5	7.25	120.8			

フェノールの OH の ¹H シグナルは実測スペクトルでは 12 ppm 付近に観測されるが，ここでは示していない．

COSY

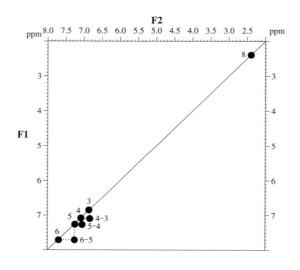

HMBC

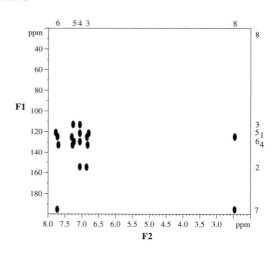

HMQC

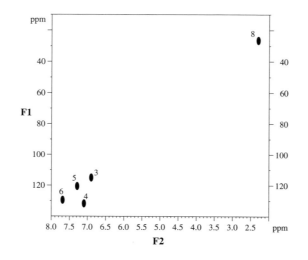

INADEQUATE

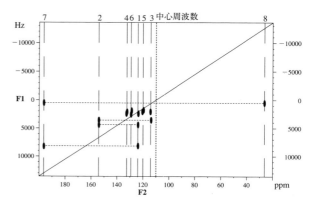

練習問題 5・1 (つづき)

化合物 m

2-クロロアセトアルデヒド

番号	^{1}H(ppm)	^{13}C(ppm)
1	4.95	59.5
2	9.80	199.7

COSY

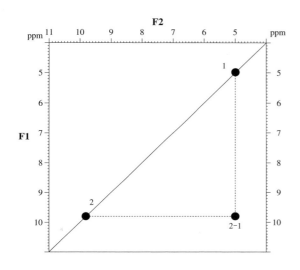

HMBC

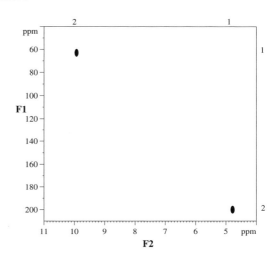

HMQC

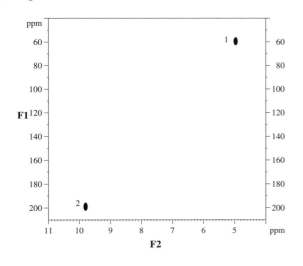

INADEQUATE

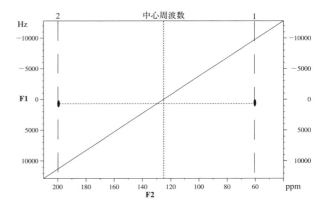

練習問題 5・1（つづき）
化合物 n

フルオロエテン

番号	^{1}H(ppm)	^{13}C(ppm)
1	6.79	191.3
2	4.85（シス） 4.23（トランス）	132.3

^{19}F とのカップリングは考慮してない．

COSY

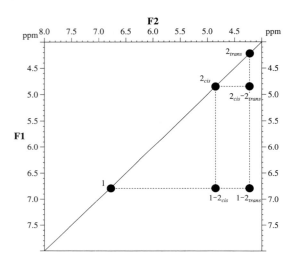

HMBC

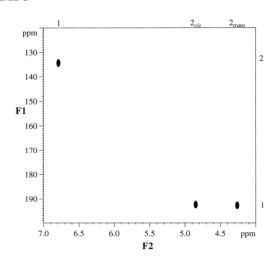

HMQC

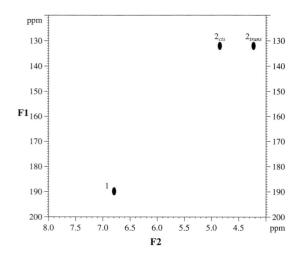

INADEQUATE

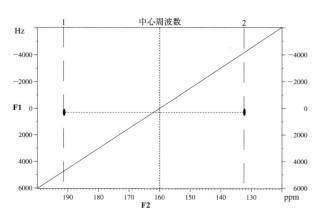

練習問題 5・1（つづき）

化合物 o

酢酸シクロヘキシル

番号	^{1}H(ppm)	^{13}C(ppm)
1	4.95	69.4
2,2'	1.60	32.2
3,3'	1.44	24.0
4	1.44	26.9
5	—	170.3
6	2.00	20.0

2, 2', 3, 3', 4 の炭素に結合したそれぞれの 2 個のプロトンはすべてジアステレオトピックであるが，複雑になりすぎるため，ここでは同じ化学シフトをもつと仮定して表示した．

COSY

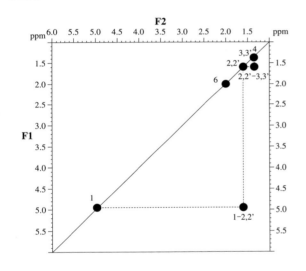

HMBC

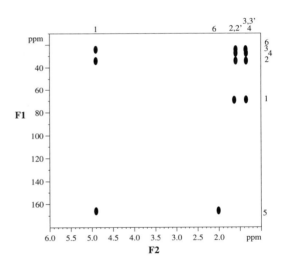

HMQC

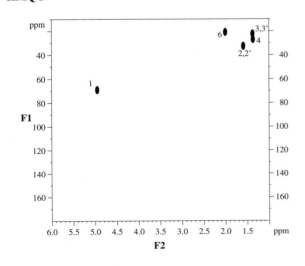

INADEQUATE

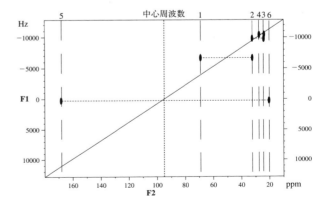

5・2 イプセノールの **DQF-COSY** 中に $^1H-^1H$ の相関を破線で示す. g はジェミナル, v はビシナル, lr は遠隔のカップリングに由来するピークを示す.

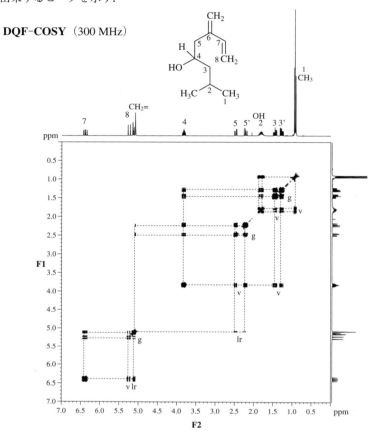

5・3 イプセノールの **HMBC** の相関を下表に示す.

プロトン＼炭素	1	2	3	4	5	6	7	8	CH$_3$	CH$_2$=
1	DB	α							β	
2	α	DB	α						α	
3		α	DB	α					β	
4			α	DB						
5				α	DB					β
6										
7				β	α	DB	α			β
8					β	α	DB			
CH$_3$	β	α	β						DB	
CH$_2$=					β	α	β			DB

DB: 直接結合したプロトン-炭素の組合わせ. これらは HMBC スペクトルでは観測されない. α: 2 結合カップリング. β: 3 結合カップリング.

5・4 分子式 $C_6H_{10}O$ から不足水素指標（以下，HDI）= 2 である．^{13}C-DEPT には 6 本のシグナル（$CH_3 \times 1$，$CH_2 \times 3$，$CH \times 1$，$C \times 1$）があり，各シグナルは 1C 分に対応する．**1H** では，1.0 ppm（3H, d）以外の 7 種類のシグナルは各 1H 分の複雑な多重線である．**HMQC** から，C2〜C6 のシグナルと炭素と直接結合した ^{1}H シグナルの相関がわかる．

^{1}H NMR（600 MHz）

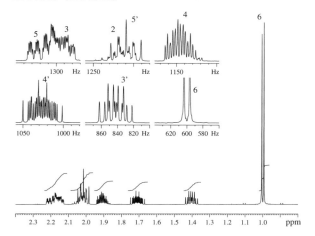

^{13}C-DEPT（150.9 MHz）

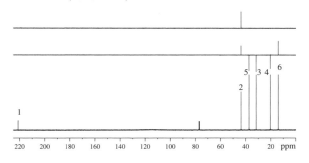

HMQC（600 MHz）

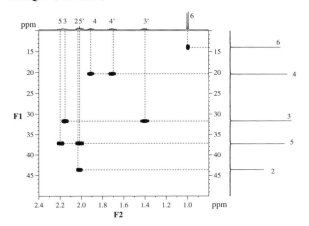

C3, C4, C5 からはそれぞれ 2 種類の ^{1}H シグナルに相関があり，CH_2 のプロトンがジアステレオトピックであることを示す．ジアステレオトピックな ^{1}H が明らかに異なる化学シフトをもつ場合，H3, H3' などのように低周波数側のシグナルに ' をつけて区別する（以下同様）．

^{13}C には 221 ppm に第四級炭素のシグナルがあり，ケトンの C=O の存在が予想される．アルケンのシグナルはないので，HDI を考慮すると環構造が一つあるはずである．^{1}H には 3H, d のシグナルがあることから，$CH_3-\overset{|}{C}H-$ の部分構造がある．ここで，すべての部分構造（C=O，CH_3-CH-，3 個の CH_2）が明らかになった．この組合わせで可能なのは，2-メチルシクロペンタノンか 3-メチルシクロペンタノンである．いずれもキラル中心をもつので，CH_2 プロトンはすべてジアステレオトピックになる．

ここで，表 4・19 のシクロペンタノンの ^{13}C 化学シフトに対して，アルカンの置換による ^{13}C 化学シフトの増分値（表 4・6）を適用してみる．CH 炭素の化学シフトの予想値は，2-メチル体では 43.9 ppm，3-メチル体では 28.7 ppm であり，実測の 44 ppm は前者に近い．したがって，この化合物は 2-メチルシクロペンタノン と同定できる．

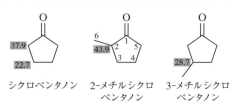

シクロペンタノン　　2-メチルシクロペンタノン　　3-メチルシクロペンタノン

この問題では **COSY** はあまり構造決定に役立たない．環構造をもつため，シスかトランスの関係によってビシナルカップリング $^3J_{HH}$ の相関が現れないことがあるし，遠隔カップリングの相関が現れる可能性がある．実際に，H3' からは H5 を除くすべてのシグナルに対して相関が見られる．^{1}H シグナルのスピンカップリングによる分裂様式は非常に複雑であり，解釈は非常に困難である．

COSY（600 MHz）

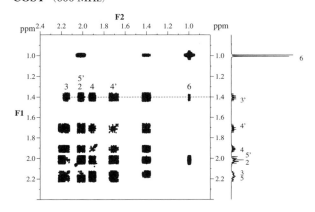

5・5 分子式 $C_{10}H_{10}O$ から HDI=6 である．スペクトルの芳香族領域にシグナルがあるので，芳香族化合物と予想できる．^{13}C-DEPT には 10 本のシグナルがあり，脂肪族領域に 3 本（$CH_2 \times 2$），芳香族領域に 6 本（$CH \times 4$, $C \times 2$）現れている．198 ppm の第四級炭素のシグナルは，化学シフトからケトンの C=O のものと考えられる．^1H では，脂肪族領域に 2H のシグナルが 3 種類，芳香族領域に 1H のシグナルが 4 種類ある．これらのシグナルは，分子式中の炭素と水素の数に一致する．

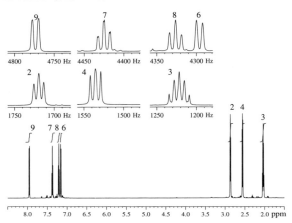

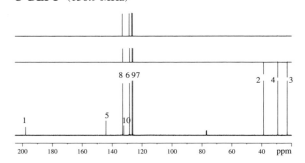

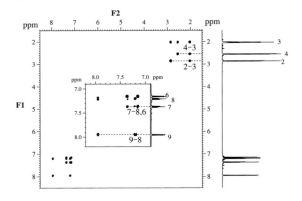

COSY では，脂肪族のシグナルに H2-H3-H4 の相関が見られ，$-CH_2-CH_2-CH_2-$ の部分構造があることを示す．芳香族のシグナルには H6-H7-H8-H9 の相関があり，オルト二置換ベンゼンの部分構造を示す．これらの連結性は ^1H の多重度からも確かめられ，低周波数側から脂肪族のシグナルは五重線, t, t の多重度を，芳香族のシグナルは d, t, t, d の多重度をもつ．HMQC から，直接結合した ^{13}C と ^1H の相関を確かめることができる．以上のことから，部分構造がすべてわかり，HDI からベンゼン環と C=O 以外に環構造が 1 個あるはずなので，この化合物は α-テトラロン［3,4-ジヒドロ-1(2H)-ナフタレノン］と決定できる．

C2 と C4 の CH_2 のシグナルを比較すると，^1H と ^{13}C ともに C2 の方が大きい化学シフトをもつ．したがって，C2 が高周波数シフトの効果が大きい C=O に結合しているはずである（3 章付録表 C・1, 表 4・19 のシクロヘキサノンの化学シフト参照）．表 4・12 を用いて，芳香族炭素の ^{13}C 化学シフトを計算すると次のようになる．置換基はアセチル基とエチル基で代用した．実測値と比較すると，第四級炭素のうち C10 が C=O に近く，C5 が遠いことがわかる．^{13}C 化学シフトの計算値だけから，C6～C9 の帰属は困難である．一方，^1H では H9 のシグナル（7.96 ppm）が最も高周波数シフトしている．C=O の磁気異方性（本編 p.139, 3 章付録表 D・1 参照）を考慮すると，これが C9 に結合したプロトンである．

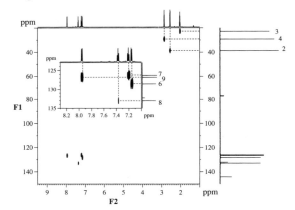

5・6 分子式 $C_8H_9NO_2$ から HDI=5 である．芳香族領域にシグナルがあるので，芳香族化合物と予想できる．^{13}C-DEPT には 8 本のシグナルがあり，脂肪族領域に 2 本（$CH_3×1$, $CH_2×1$），不飽和結合領域に 6 本（CH×4, C×2）現れている．^1H では，脂肪族領域に 1.30（3H, t）と 4.20（2H, q）があり，プロトン数，多重度と化学シフトから O に結合したエチル基の存在がわかる．芳香族領域には ^1H のシグナルが 4 種類あり，多重度は低周波数側から ddd, dt, dd, dd である．

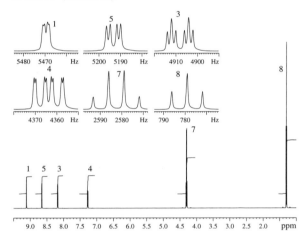

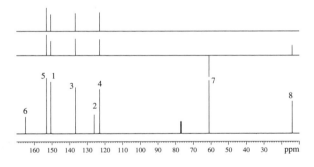

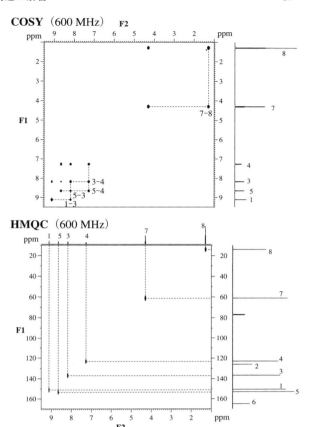

COSY では H7 と H8 の間に相関があり，エチル基が存在することに一致する．また，芳香族領域では H1-H3-H4-H5 の相関に加えて H3-H5 に弱い相関ピークが見られる．**HMQC** から，直接結合した ^{13}C と ^1H の相関を確かめることができる．**INADEQUATE** では，エチル基の C7-C8 の相関のほかに，C6-C2-C3-C4-C5 と C2-C1 の相関が確認できる．以上のことから，次の部分構造が書ける．

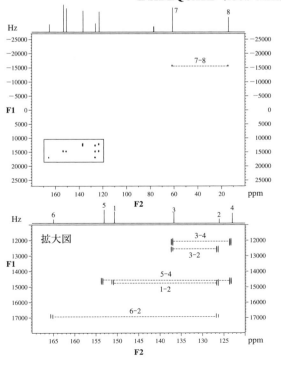

分子式中の原子で残されているのは O が 1 個と N が 1 個である．^{13}C の 165 ppm のシグナルは C=O のもので，化学シフトからエステルの領域にある．したがって，エチルエステルであることが予想される．残りの炭素 C1～C5 で芳香族の構造をつくるためには，窒素で C1 と C5 を連結したピリジン環を考えるのが妥当である．8～9 ppm に大きい化学シフトの ^{1}H シグナルがあることも，ピリジン環の特徴に一致する（3 章付録表 D・5 参照）．したがって，この化合物はニコチン酸エチルである．

この構造をもとに COSY を見直すと，$^2J_{HH}$ の H3-H4 と H4-H5 のほかに，$^3J_{HH}$ の H1-H3 と H3-H5 の相関が現れている．^{1}H の拡大図からカップリング定数を解析すると，$J_{H3-H4}=7.8$，$J_{H4-H5}=4.8$，$J_{H3-H5}=1.8$，$J_{H1-H3}=1.8$，$J_{H1-H5}=0$，$J_{H1-H4}=0.5$ Hz となる．$^3J_{HH}$ としては H4-H5 間のカップリング定数が小さいことは，ピリジン環の特徴に一致する（3 章付録 F 参照）．H1-H5 間のカップリング定数は非常に小さいので，COSY に相関ピークは現れていない．

5・7 カリオフィレンオキシドの **INADEQUATE**（上：全体図，下：拡大図）中に，^{13}C–^{13}C の相関を破線および炭素の番号で示す．

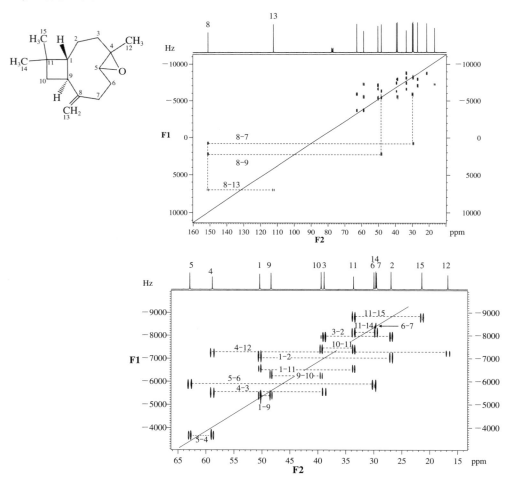

5章練習問題の解答

5・8 分子式 $C_{10}H_{18}O$ から HDI＝2 である。^{13}C-DEPT には 10 本のシグナルがあり，脂肪族領域に 6 本（$CH_3×3$，$CH_2×2$，$C×1$），不飽和結合領域に 4 本（$CH_2×1$，$CH×2$，$C×1$）現れている。^{1}H では，脂肪族領域に合計 14H 分のシグナルがあり，そのうち 3 本は 3H, s である。アルケン領域には 1H のシグナルが 4 種類見られる。芳香環が存在する可能性はないので，この化合物はアルケンである。

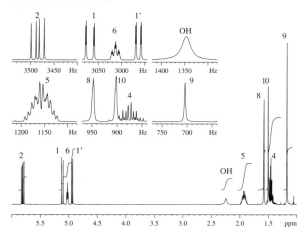

^{1}H NMR（600 MHz）

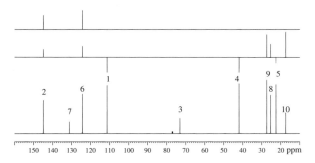

^{13}C-DEPT（150.9 MHz）

INADEQUATE から，炭素骨格の連結性を決定する。C1 から交差ピークをたどっていくと，C1-C2-C3-C4-C5-C6-C7-C8, C10 と C3-C9 の相関がわかる。C1, C2, C6, C7 のシグナルがアルケン炭素であるとすれば，以下の構造が書ける。

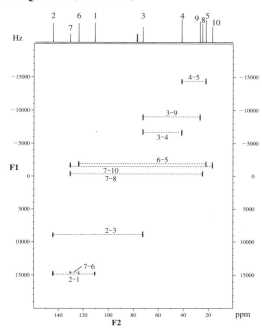

INADEQUATE（150.9 MHz）

DEPT から明らかになる炭素に結合した水素数を考慮すると，C1, C2, C4〜C10 の残った結合にはすべて水素が結合し，第四級炭素である C3 には水素以外の置換基が結合している。分子式から残された原子は OH であるので，3 位に OH が結合したアルコール，すなわち **3,7-ジメチルオクタ-1,6-ジエン-3-オール** のはずである。この構造をも

3,7-ジメチルオクタ-1,6-ジエン-3-オール

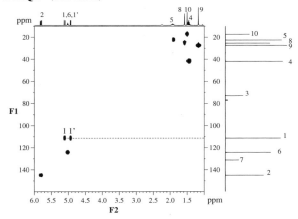

HMQC（600 MHz）

COSY（600 MHz）

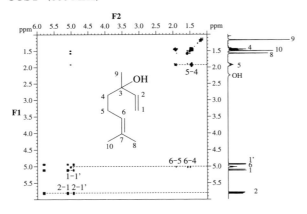

とに，他のスペクトルを帰属していく．

HMQC では，C1 からは H1 と H1' に，C2 からは H2 に相関がある．また，**COSY** では，H1, H1', H2 間に相互に相関があり，他のシグナルとの相関は見られない．これは孤立した −CH=CH$_2$ 基のシグナルに一致する（3・10 章, 3 章付録 F 参照）．H1 は H$_A$ によるもので，J_{trans} (18 Hz) と小さい J_{gem} (2 Hz) により dd に分裂している．H1' は H$_M$ によるもので，J_{trans} より小さい J_{cis} (11 Hz) で H$_X$ とカップリングしている．H2 は H$_X$ によるもので，J_{trans} と J_{cis} により dd に分裂している．残りのアルケンプロトン H6 からは H5（弱い）と H4 に相関があり，さらに H4-H5 の間に相関がある．この構造では C3 がキラル中心であり，C4 と C5 のメチレンプロトンはそれぞれジアステレオトピックであるため，非常に複雑に分裂している．また，H6 のアルケンプロトンは，アリル位のメチル基 H8 と H10 とも小さく遠隔カップリング（$^4J_{HH}$）して，非常に複雑に分裂している．これは，H8 と H10 のメチル基のシグナルが，H9 のものより低くなっていることからもわかる．^{1}H における 2.25 ppm の幅広いシグナルは OH によるもので，HMQC では他の ^{13}C シグナルとの相関は見られない．

HMBC における ^{1}H と ^{13}C の相関はスペクトルの拡大図中に示す．矢印で示す交差ピークは ^{13}C サテライトによる疑似ピークであるので，注意が必要である．たとえば，C4 からは H9(β), H5(α), H6(β), H2(β) への相関が，C2 からは H1(α), H1'(α), H4(β), H9(β) への相関が見られる．これらの相関から，第四級炭素 C3 を通した炭素骨格の連結が確認できる．

HMBC（600 MHz）拡大図

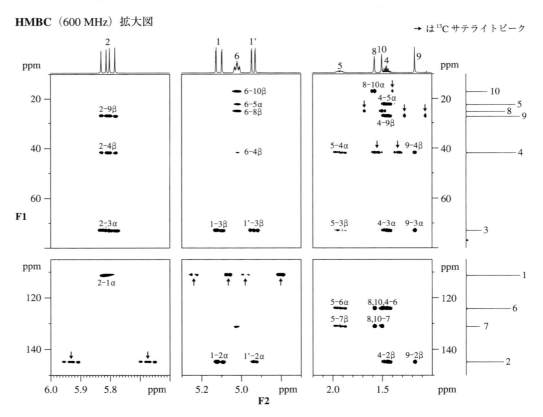

5・9 ラクトースは，ガラクトースとグルコースからなる二糖であり，溶液中ではαアノマーとβアノマーの平衡混合物として存在する．これらの構造および帰属付きの ^{1}H を示す．

次にラクトースの **TOCSY** において，三つのアノマー位のプロトン（G1: ガラクトース，α1: α-グルコース，β1: β-グルコース）からの相関を示した．これらの相関から，それぞれの単糖残基に含まれるプロトンのグループ分けができる．たとえば，G1 と相関をもつ G2〜G6 はガラクトース残基中の炭素に結合したプロトンを示す．これらの結果は，図5・26 の **1D TOCSY** の相関と一致する．

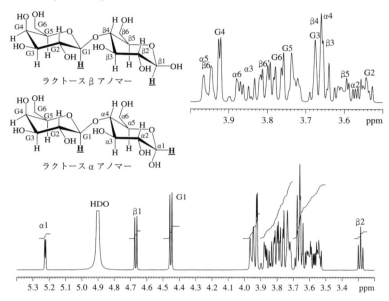

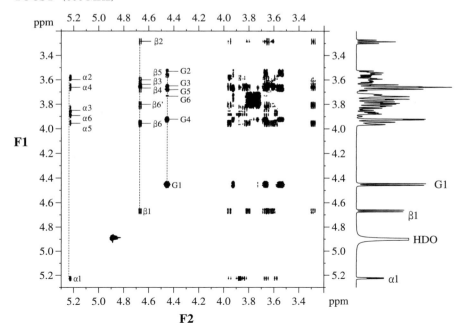

74   5章練習問題の解答

5・10 ラフィノースは三糖であり，α-ガラクトース，α-グルコース，β-フルクトースがグリコシド結合で連結している．それぞれの糖の環の記号と炭素の番号づけは，次の構造式中のとおりである．

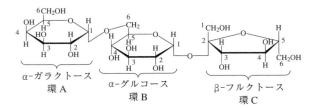

まず，^{1}H におけるアノマー水素のシグナル (5.38, 4.94 ppm) に着目し，それぞれの糖残基内のプロトンをグループ分けする．**1D TOCSY** で 5.38 ppm のシグナル (B1 とする) を照射すると，混合時間が長くなるにつれて，B2〜B6, 6' へと磁化移動が観測される．同様に，4.94 ppm のシグナル (A1 とする) を照射すると，A2〜A6 (A5 と A6 は弱いが) への磁化移動が観測される．アノマー水素の次に高周波数にある 4.16 ppm のシグナル (C3 とする) を照射すると，C4〜C6, 6' への磁化移動が観測される．これらの結果は，**TOCSY** でも確認することができる．

^{1}H NMR (600 MHz)

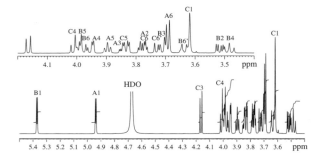

TOCSY (600 MHz)

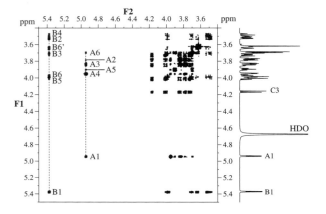

1D TOCSY (600 MHz)

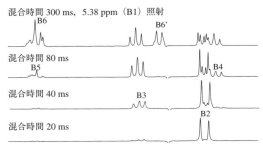

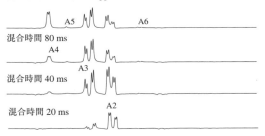

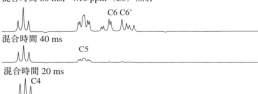

^{1}H NMR (600 MHz)

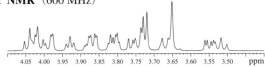

TOCSY (600 MHz) 拡大図

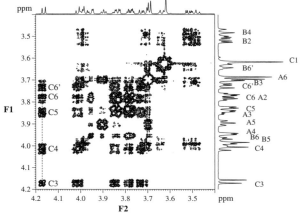

^{13}C-DEPT には 18 本のシグナル（CH$_2$×13, CH×4, C×1）がある．酸素原子 2 個に結合したアノマー炭素は 90〜105 ppm に現れ，このうちただ一つの第四級炭素である 104 ppm のシグナルは C2 によるものである．**HMQC** から B1 の ^{1}H と ^{13}C のシグナル間の相関がわかり，**HMQC-TOCSY** では B1 の ^{1}H シグナルから B1〜B6 の ^{13}C シグナルへの相関が見られる．同様に，A1 または C3 の ^{1}H シグナルからの相関をたどると，各糖残基内の炭素のグループ分けがほぼ決まる（A と C の糖残基内では一部の炭素に相関が見られない）．

^{13}C-DEPT（150.9 MHz）

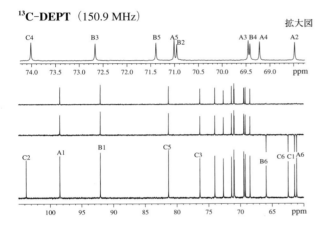

HMQC（600 MHz）

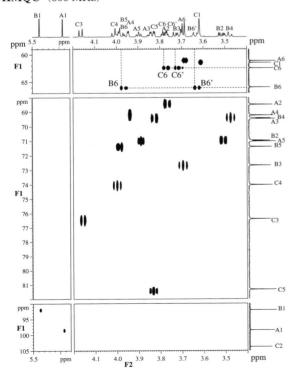

HMQC-TOCSY（600 MHz）

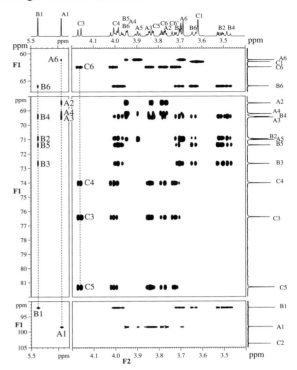

この情報をもとに **HMBC** を見ると，B1 の ^{1}H シグナルから C2 の ^{13}C シグナルに，A1 の ^{1}H シグナルから B6 の ^{13}C シグナルに明らかな相関がある．したがって，B1 と C2 および A1 と B6 は酸素をはさんでグリコシド結合で連結していることを支持する．また，**ROESY** では，B1 から C1，A1 から B6' に ^{1}H 間の NOE 相関があり（すなわち空間的に近い），上記の結論と一致する．したがって，環 A が α-ガラクトース，環 B が中央の α-グルコース，環 C が β-フルクトースとなる．

次に，各糖残基内の相関を確かめていく．アノマー水素のシグナルを起点に **COSY** を見ると，環 B では B1-B2-B3-B4-B5-B6, 6' の相関を何とかたどることができる．ここで，B6 の CH$_2$ のプロトンはジアステレオトピックであり，B4-B6' の間にも弱い相関が見られる．シグナルの重複が多いが，**TOCSY** における環 B 内のすべての相関と比較すると，COSY の解析が容易になる．**HMBC** では，B1 から B2(α), B3(β), B5(β) の ^{13}C への相関があり，これも帰属の確認になる．同様に，環 A では A1 を起点にすると A1-A2-A3-A4-A5-A6, 6' の相関が，環 C では C3 を起点にすると C3-C4-C5-C6, 6' の相関が読めるはずである．また，**1D TOCSY** の磁化移動の過程を解析すれば，照射したシグナルの ^{1}H からの近さが推定できる（混合時間が長くなるにつれて，遠くに相関が伝わっていく傾向がある）．

5章練習問題の解答

HMBC（600 MHz）

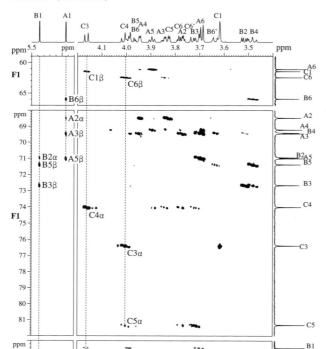

ROESY（600 MHz）

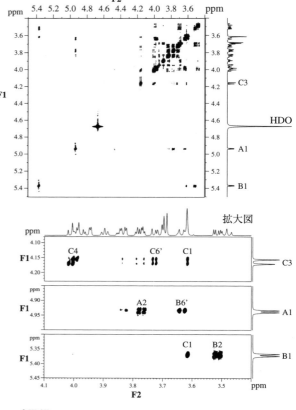

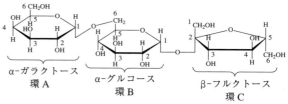

α-ガラクトース 環A ／ α-グルコース 環B ／ β-フルクトース 環C

COSY（600 MHz）

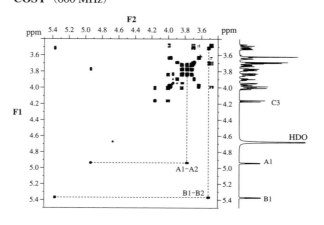

COSY（600 MHz）拡大図

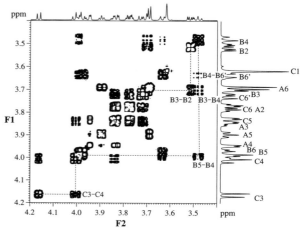

5・11 スティグマステロール（分子式 $C_{29}H_{48}O$）の各炭素に次のように番号をつける．

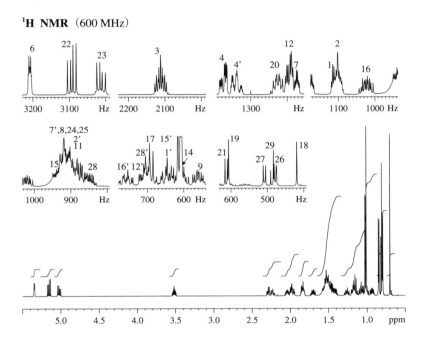

^1H では，アルケン領域に 1H のシグナルが 3 種類（H6, H22, H23），OH の α-H が 3.5 ppm 付近に 1 種類（H3）ある．0.7〜2.3 ppm に現れている残りのシグナルは非常に複雑である．

^{13}C には 29 本のシグナルがあり，分子式の炭素数と一致する．アルケン領域には 4 本（CH×3, C×1）のシグナルがあり，このうち 141 ppm の第四級炭素のシグナルが C5 である．72 ppm のシグナル（CH）は酸素が結合した C3 であり，10〜60 ppm には 24 本のシグナル（CH$_3$×6, CH$_2$×9, CH×7, C×2）がある．

シグナルの重複が多く注意が必要であるものの，

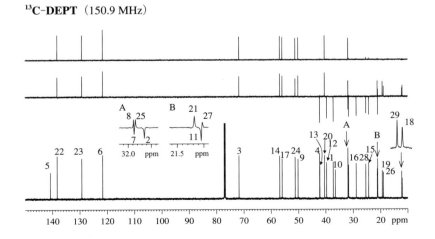

HMQCからほぼすべての直接結合した^{13}Cと^{1}Hの相関を決定することができる．分子中のCH$_2$プロトンはすべてジアステレオトピックなので，C15, C16, C28のように複数のプロトンシグナルへの相関が見られる場合がある．また，C26とC27のメチル基はジアステレオトピックであり，やはり異なる化学シフトをもつ．

COSYではH22とH23の間に相関があり，これは二置換アルケンに帰属できる．これらのシグナル間のカップリング定数は約16 Hzであり，トランスの関係にあることに一致する．また，H23-H24, H22-H20-H21の相関が読める．H6からはH7とH7'への相関があり，H4'にも弱い相関（アリル位の遠隔カップリング）がある．H3からはH4, H4', H2, H2'への相関がある．0.7〜2.4 ppmのシグナル間の相関は，シグナルの重複が顕著で読みにくいが，主要なものを拡大図中に示す．

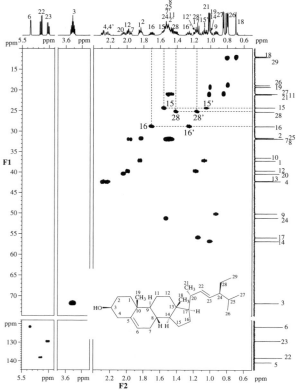

HMQC（600 MHz）

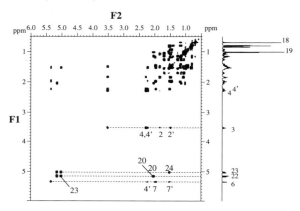

COSY（600 MHz）

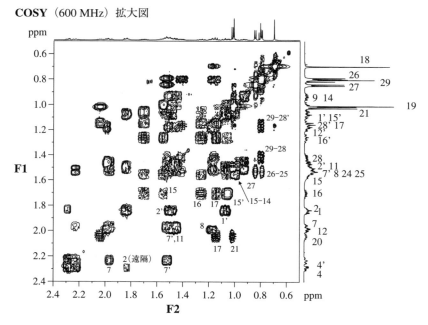

COSY（600 MHz）拡大図

最後に **HMBC** の相関を解析する．矢印で示すピークは ^{13}C のサテライトによるもので，注意が必要である．たとえば，アルケンプロトン H6 からは，C4(β)，C5(α)，C7(α)，C10(β) への相関があり，C3 と C19 にも 4 結合を通した相関が見られる．

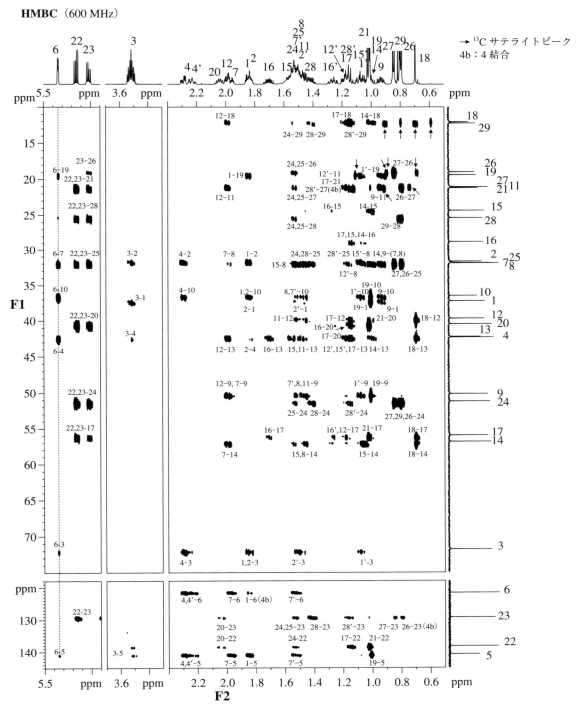

5・12 トレオニン，セリン，リシンからなるトリペプチドは分子式が $C_{13}H_{26}N_4O_6$ である．

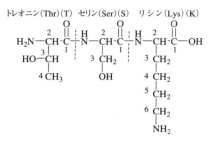

¹H では，高周波数領域に 1H のアミドプロトンが 2 種類（8.0, 8.7 ppm），2H のアミノプロトンが 1 種類（7.3 ppm, br）ある．**¹³C** には 13 本のシグナルがあり，そのうち 3 本（アミドおよび C 末端のカルボキシ基）はカルボニル炭素領域にある．

HMQC では，T2～T4，S2 と S3 および K2～K6 の ¹³C シグナルとそれらに結合した ¹H シグナルの相関がわかる．

HMQC（600 MHz）

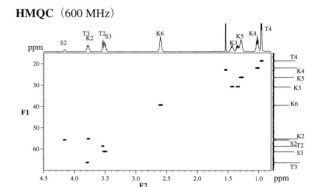

¹H NMR（600 MHz）（0°C, 5%/95% D_2O/H_2O 中）

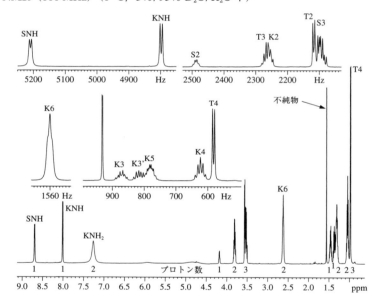

¹³C-DEPT（150.9 MHz）

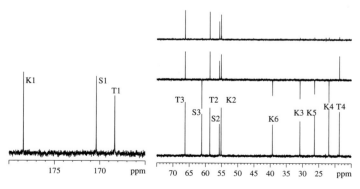

アミドのシグナルを手掛かりに，各アミノ酸残基内の ¹H シグナルをグループ分けする．COSY では，8.7 ppm のアミドプロトンから SNH-S2-S3 に相関が，8.0 ppm のアミドプロトンから KNH-K2-K3(K3')-K4-K5-K6 に相関がある．また，TOCSY でもこれらの相関が確認できる．構成するアミノ酸の構造を考慮すると，8.7 ppm（SNH）のシグナルはセリン，8.0 ppm（KNH）のシグナルはリシンによるものである．COSY ではほかに T2-T3-T4 の相関が見られ，これらは N 末端のトレオニンによるものと考えられる．

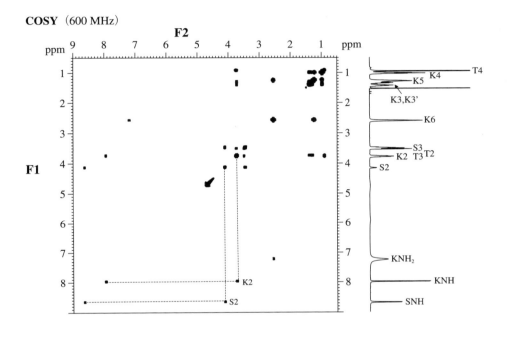

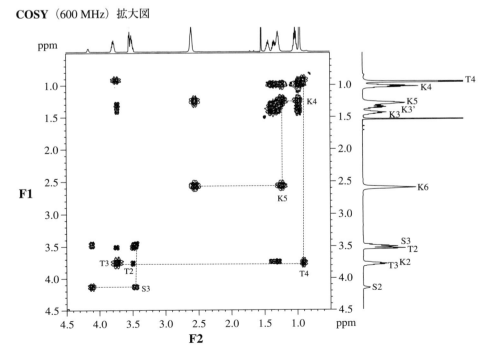

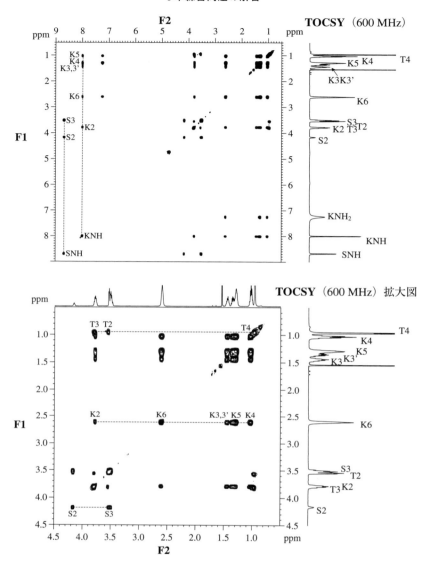

ROESY では，KNH から S2 と S3，SNH から T3 への相関があり，K（N 末端）と S（C 末端），S（N 末端）と T（C 末端）がそれぞれアミド結合で連結していることを示す．また，**HMBC** では，T1 の ^{13}C から SNH と S2 への相関，S1 の ^{13}C から KNH と K2 への相関があり，ROESY の結果を支持する．したがって，このトリペプチドの配列は N 末端からトレオニン（T），セリン（S），リシン（K）であることが決定できる．

各アミノ酸残基内の ^{1}H と ^{13}C シグナルを帰属していく．リシンの ^{1}H シグナル K2〜K6 は複雑に分裂し，ジアステレオトピックな K3 の CH$_2$ は異なる化学シフトをもつ．K4 の CH$_2$ は 2H，五重線である．**COSY** において K5 と K6 と相関している 7.3 ppm の幅広いシグナルは，リシンの NH$_2$（KNH$_2$）によるものである．リシンの C 末端の C=O 炭素は，**HMBC** において K2（α），K3，K3'（β），KNH（β）と相関している K1 である．セリンの ^{1}H シグナルは S2, S3 であり，ジアステレオトピックな S3 の CH$_2$ のシグナルは複雑に分裂している．セリンの C=O 炭素は，**HMBC** において S2（α），S3（β），KNH（α）と相関している S1 である．トレオニンの ^{1}H シグナルについては，T4 は 1.00 ppm（3H, d）に，T2 と T3 は 3.8〜4.2 ppm の範囲に複雑なシグナルとして現れている．トレオニンの C=O 炭素は，**HMBC** において T2（α），T3（β），SNH（α）と相関している T1 である．

5章練習問題の解答

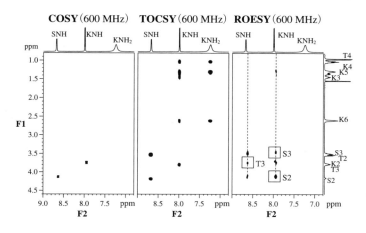

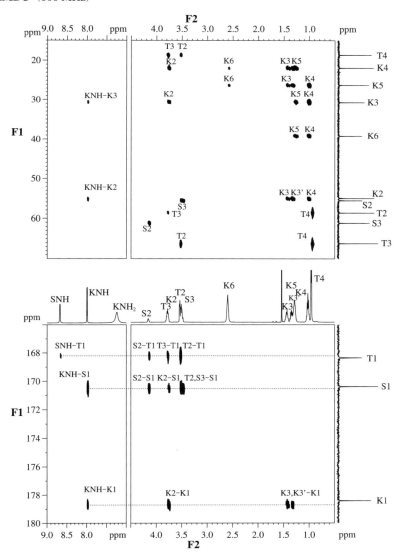

6

多核 NMR 分光法

練習問題の解答

6・1

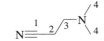

(3-ジメチルアミノ)プロピオニトリル
($C_5H_{10}N_2$, 分子量 98)

^{15}N の2本のシグナルから二つの異なる窒素原子の存在が確認できる. 不足水素指標 IHD は2であり, 図6・1のシフト値から, 20 ppm 付近のシグナルは脂肪族アミンまたはアンモニウムイオンの窒素, 240 ppm 付近のシグナルは二重結合または三重結合をもつ窒素であると推測できる.

^{15}N NMR (30.4 MHz)

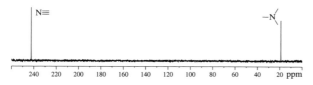

^{13}C の4本のシグナルは, **DEPT** スペクトルにより左から順に, C, CH_2, CH_3, CH_2 である. C 以外の炭素, およびすべてのプロトンは飽和領域に存在する. ^1H における積分強度 2H の二つの三重線はいずれも CH_2, 積分強度 6H の一重線は二つの等価な CH_3 と考えられる.

^1H の分裂パターンから, CH_3 は孤立しており (N か第四級炭素で隔てられている), その化学シフト (2.23 ppm) から $-N(CH_3)_2$ であることが示唆される. 二つの CH_2 は

^1H NMR (300 MHz)

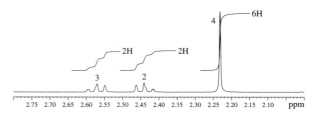

^{13}C-DEPT NMR (75.5 MHz)

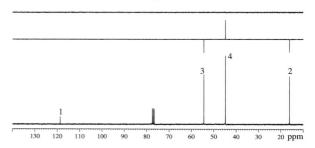

隣接した $-CH_2-CH_2-$ であり, A_2B_2 系を形成していることがわかる ($\Delta\nu/J \approx 5$ (J は約 7 Hz) であるから, 一次のスペクトルにはならない).

^{15}N の 20 ppm 付近のシグナルは, ^1H において N に結合した H は見られないので, 第三級アミンのものと思われる. 先に 240 ppm 付近のシグナルは $=N-$ または $N\equiv$ と推測したが, ^1H および ^{13}C-DEPT において $=N-$ に対応するプロトンまたは炭素が見つからないこと, および ^{13}C の 119 ppm 付近のシグナルの存在から, $N\equiv$ としてよい. IHD=2 はこの三重結合に対応している. これで構造が決定される.

6・2

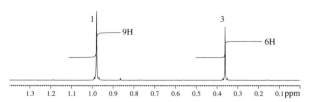

tert-ブチルクロロジメチルシラン
($C_6H_{15}SiCl$, 分子量 151)

残念ながら，この場合，本編から ^{29}Si スペクトルに関する有用な情報は得られない[*1].

^{29}Si NMR（59.6 MHz）

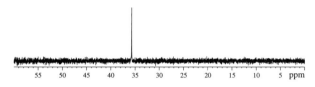

^1H NMR（300 MHz）

^{13}C-DEPT NMR（75.5 MHz）

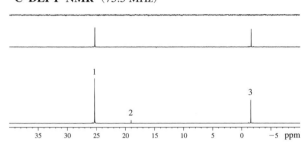

^{13}C-DEPT から，CH_3（25.3 ppm），C（19.0 ppm）[*2]，CH_3（−1.7 ppm）の3種類の炭素が存在することがわかる．

^1H の二つのシグナルの割合は3：2であり，15個のHのうち，0.98 ppm のシグナルは9個のプロトン，0.36 ppm のシグナルは6個のプロトンに相当する．このことから，前者が三つの CH_3，後者が二つの CH_3 を表すと考えられる．さらに，いずれのシグナルも一重線であり，孤立したスピン系を形成している．

$(CH_3)_4Si$（TMS）から推測すると，^{13}C の −1.7 ppm と ^1H の 0.36 ppm のシグナルに対応する大きく遮蔽された二つの CH_3 は Si に結合していると考えられる．よって，他の三つの CH_3 は C に結合していることになる．最後に，1個の Cl を Si に結合させて構造が決定される．

[*1] 文献などを調べると，R_3SiCl 型の化合物の化学シフトは 35 ppm 付近であることが確かめられる．
[*2] 第四級炭素のシフト値は4章付録 C の 30〜40 ppm と比べると，低周波数側（高磁場側）にシフトしている．これは Si に結合しているためと考えられる．

6・3

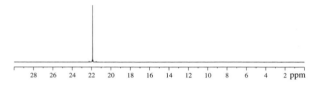

臭化メチルトリフェニルホスホニウム
($C_{19}H_{18}BrP$, 分子量 357)

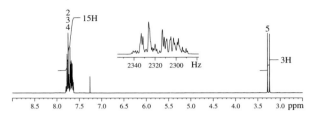

^{31}P のシフト値（21.8 ppm）は，表 6・7 の $[Me_4P]^+$ のシフト値（24.4 ppm）に近いことがわかる．また，^{31}P に結合した ^{13}C，その炭素に結合した ^1H のシグナルは ^{31}P とのカップリングによって分裂することが知られている．

^{31}P NMR（121.5 MHz，^1H-デカップリング）

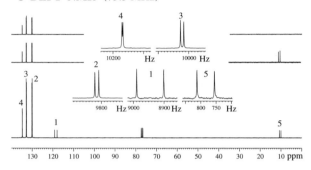

^{13}C-DEPT から，最も右側のシグナルは脂肪族領域に，残りは芳香族領域に存在することがわかる．脂肪族領域のシグナルは，^1H の 3.25 ppm のシグナルに対応する P に結合した CH_3 であり，芳香族領域のシグナルは左から順に，CH，CH，CH，C である．

^1H において，（芳香族領域のシグナル）：（CH_3 シグナル）の強度は約 40：8＝5：1＝15：3 となり，H の数は分子式の 18 と一致する．分子式から CH_3 を差引くと $C_{18}H_{15}$ となり，^{13}C-DEPT のデータとあわせると，これは三つの等価な C_6H_5- に相当すると考えられる．なお，^1H の芳香族領域のシグナル（H2，H3，H4）は複雑であり帰属は難しい．

次に ^{13}C スペクトルを再び見てみよう．118.5 ppm と 10.5 ppm の二つのシグナルの分裂幅（$^1J_{C-P}$ による）はそれぞれ約 90 Hz および約 60 Hz である．表 4・3 から，$^1J_{C-P}$ の値は $(C_6H_5)_3P^+CH_3I^-$ のフェニル基（88 Hz）およびメチル基（52 Hz）とのカップリング定数の値にそれぞれ近いことがわかる．すなわち，フェニル基とメチル基はそれぞれリン原子に直接結合しているものと考えられる．これらを考慮すると，P は 4 価であり，三つの C_6H_5 と一つの CH_3 が P に直接結合したイオンの形で存在すると考えられる．この結論は ^{31}P スペクトルのシフト値とも矛盾しない．

6・4

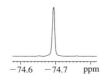

1,1,1,3,3,3-ヘキサフルオロ-2-フェニルプロパン-2-オール（$C_9H_6F_6O$，分子量244）

^{19}F の 1 本のシグナルのシフト値とほぼ一致する化合物が表 6・3 に掲載されている.

^{19}F NMR（282.4 MHz）

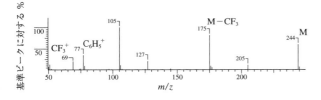

^{13}C では，^{19}F とのカップリングによるシグナルの分裂を考えておく必要がある．C1 と C3 によるシグナルは破線で示したように，F によって強度 1:3:3:1 の 4 本に分裂している．分裂の幅は約 290 Hz であり，表 4・3 の $^1J_{C-F}$ の値から三つの F が直接結合した $-CF_3$ の構造が示唆される．同様に，表 6・3 の化学シフトの値からも確認できる．このことは **MS** において，分子イオンから $\cdot CF_3$ が脱離した m/z 175（M−69）のピークや m/z 69（CF_3^+）のピークからも確認できる（1 章付録 B, C 参照）.

^{13}C の他の 4 本のシグナルのシフト値は芳香族の C によるものであり，これに対応して ^1H の約 7.78 ppm に中心をもつシグナルと 7.55〜7.45 の一群のシグナルは，その積分比が 2:3 であることから，C_6H_5- のプロトンであると考えられる．フェニル基の存在は，**MS** の m/z 77（$C_6H_5^+$）のピークや **IR** における 3070 cm^{-1} の C−H 伸縮振動および 1504 cm^{-1} の C≒C 環伸縮振動の吸収帯からも確認できる.

さらに，^{13}C の 78〜75 ppm の拡大図では，中心が 77.0 ppm にある $CDCl_3$ の強い三重線を除けば，中心が 77.2 ppm の七重線のシグナルが見られる．このことは 77.2 ppm にシグナルをもつ C に対して 6 個の等価な F が存在し，そのカップリング定数は約 30（0.4×75.5）Hz を示している．不完全なデータであるが表 4・3 から $^2J_{C-F}$ の大きさが大体この程度であると考えれば，$-C(CF_3)_2-$ の存在が予想できる.

これまでに，以下の部分構造が明らかとなった.

$$-C_6H_5, \quad -C(CF_3)_2-$$

MS から分子量は 244 であると考えられるので，上記の部分構造から，残りの分子量は 17 となる．^1H において 3.55 ppm に 1 個分のプロトンが存在しているので，残りは酸素 1 個分に相当し，$-OH$ の存在が推測される．このことは **IR** における 3640〜3360 cm^{-1} の O−H 伸縮振動による幅広い吸収帯からも確認できる.

以上のことから，第四級炭素に二つの $-CF_3$，一つの $-C_6H_5$，$-OH$ が結合した構造であることがわかる.

質量スペクトル

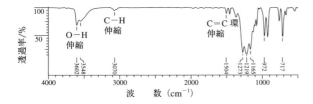

赤外スペクトル

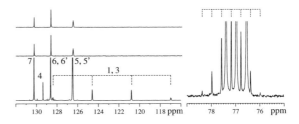

^1H NMR（300 MHz）

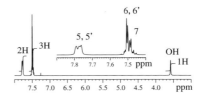

^{13}C-DEPT NMR（75.5 MHz）

6・5 共鳴周波数は以下の式より求められる．

$$\nu = \frac{\gamma B_0}{2\pi}$$

$B_0 = 21.1$ T，および各同位体の磁気回転比 γ（6 章付録 A 参照）を代入すればよい．よって，

^{7}Li：$\gamma = 10.3977013 \times 10^7$ rad T^{-1} s^{-1} より，$\nu = 349.17$ MHz
^{23}Na：$\gamma = 7.0808493 \times 10^7$ rad T^{-1} s^{-1} より，$\nu = 237.87$ MHz
^{207}Pb：$\gamma = 5.58046 \times 10^7$ rad^{-1} T^{-1} s^{-1} より，$\nu = 187.40$ MHz

参考までにこの条件での ^{1}H の共鳴周波数は次のとおりである．

^{1}H：$\gamma = 26.7522128 \times 10^7$ rad^{-1} T^{-1}s^{-1}，$\nu = 898.38$ MHz

6・6 例として，^{13}C–^{1}H カップリングの組をあげる．典型的な磁場 9.4 T では，共鳴周波数は ^{1}H NMR で約 400 MHz，^{13}C NMR では約 100 MHz になる．AX 系と AB 系のどちらになるかを明らかにするために，$\Delta\nu/J$ を考える必要がある（$\Delta\nu$：化学シフト差，J：カップリング定数）．$\Delta\nu/J$ が約 8 より大きい場合，スピン系のカップリングは弱くなり，AX 系となる．一方，$\Delta\nu/J$ が約 8 より小さい場合，スピン系のカップリングは強くなり，AB 系となる．^{13}C–^{1}H カップリングの場合，この例では，J は約 125 Hz，$\Delta\nu$ は約 300 MHz である．よって，$\Delta\nu/J$ は 2.4×10^6 となり，8 よりも圧倒的に大きい．^{1}H と異種核とのカップリングにおいても，$\Delta\nu$ はいつも MHz オーダーであるので，$\Delta\nu/J$ も非常に大きくなる．

7 問題の解き方

本編では「問題の解き方」として 8 題が取上げられ, そのうち 7・1～7・6 は詳しく説明されている. 本書では, 練習問題として出題された 7・7 と 7・8 を同様に解説する.

7・7

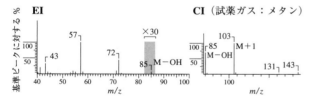

3-メチル-3-オキセタンメタノール
($C_5H_{10}O_2$, 分子量 102)

MS (EI) では最大のピークは $m/z\ 85$ に現れているが, この化合物の分子イオンピークに一致しない. **MS (CI)** では $m/z\ 103$ にピークがあり, これが [M+1] のイオンに対応する. したがって, 分子量は 102 であり, この化合物の分子式 $C_5H_{10}O_2$ に一致する. この分子式の HDI は 1 であり, 二重結合または環構造が 1 個ある. MS における $m/z\ 85$ のピークは [M−OH] によるものと考えられる.

質量スペクトル

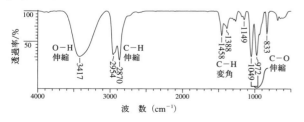

IR では O−H 伸縮 (3417 cm^{-1}) が特徴的であり, 表 2・5 に基づくと C−O 伸縮 (1049 cm^{-1}) の吸収領域から第一級アルコールである可能性が高い. 972 cm^{-1} の吸収はエーテルの C−O 伸縮によるものである. C−H 伸縮振動が 2954 と 2870 cm^{-1} に見られる.

^{13}**C-DEPT** には 4 本のシグナルがあり, 高周波数側から 79.6 (CH$_2$), 67.5 (CH$_2$), 40.5 (C), 20.1 (CH$_3$) ppm である. 構造から判断すると 20.1 ppm のシグナルが C6 のメチル炭素に, 40.5 ppm のシグナルが C3 の第四級炭素に対応する. 残った炭素は, 対称的な位置にある C2, C4 のシグナルか C5 のシグナルのどちらかである. **HMQC** において, 2H 分のシグナル 1 個と相関する 67.5 ppm が C5, 2H 分のシグナル 2 個に相関する 79.6 ppm が C2, C4 に対応する.

^{13}C-DEPT (150.9 MHz)

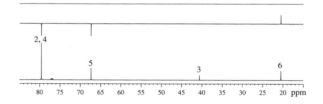

HMQC (600 MHz)

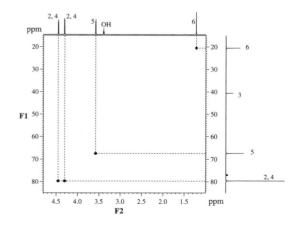

^{1}H における 1.21 ppm (3H, s) のシグナルはメチル基によるもので, 第四級炭素に結合しているので一重線である.

赤外スペクトル

¹H NMR（600 MHz）

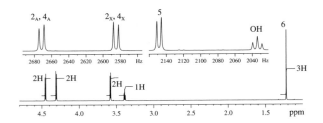

COSY ではこのシグナルと相関する交差ピークは見られず，HMQC では C6 だけと相関している．3.59 ppm（2H, d）は H5 の CH₂ によるもので，OH のシグナル（3.39 ppm（1H, t））とのカップリング（$J=7$ Hz）が現れている．COSY では，これらのシグナル間に交差ピークが確認できる．

HMQC において C2, C4 が 2 個の ¹H シグナルに相関していることは，各炭素に結合している 2 個のプロトンがジアステレオトピックであることを示す．分子は対称面をもち，鏡映により入れ替え可能な H2$_A$ と H4$_A$，H2$_X$ と H4$_X$ はそれぞれ同じ化学シフトをもつ．

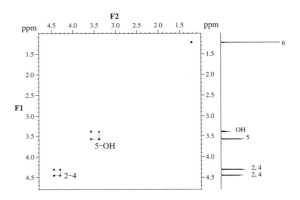

残されているのは H$_A$ と H$_X$ の帰属である．問題中のスペクトルからこれを決定するのは困難であるが，核オーバーハウザー効果（NOE）の測定結果があれば可能になる（3・16 節参照）．この化合物では，H5 のシグナル（3.59 ppm）を照射すると 4.46 ppm のシグナルの強度が増加する．したがって，このシグナルに由来する H が CH₂OH に近いシスであり，H$_A$ が 4.46 ppm（2H, d），H$_X$ が 4.31 ppm（2H, d）に対応する．H$_A$ と H$_X$ のジェミナルカップリング定数 $^2J_{HH}$ は約 6 Hz であり，典型的な値 12〜15 Hz より小さい（3 章付録 F 参照）．$^2J_{HH}$ は H−C−H の結合角により変化しやすく，炭素に結合した原子や環のひずみにより大きな影響を受ける（図 3・44 参照）．小員環では環外の結合角が大きくなる傾向があるので，J 値が小さくなっていると考えられる．

COSY（600 MHz）

7・8

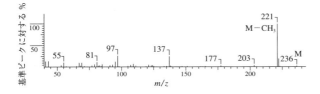

(−)-アンブロキシド（$C_{16}H_{28}O$，分子量 236）

MS では弱い分子イオンピークが m/z 236 にあり，この化合物の分子式 $C_{16}H_{28}O$ に一致する．m/z 221 の基準ピークは[M−CH_3]によるものである．**IR** では C−H 伸縮（2924 cm^{-1} 付近），C−O 伸縮（1003 cm^{-1}）の吸収が見られるが，それ以外に顕著な吸収はない．

質量スペクトル

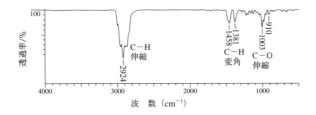

赤外スペクトル

^{13}**C-DEPT** には 15 本のピーク（$CH_3×3$，$CH_2×7$，CH ×2，C×3）がある．構造中には 4 種類のメチル基（キラル中心をもつのでC6に結合した2個のメチル基は非等価）があるので，CH_3 のシグナルのどれかが偶然重なっていると考えられる．

^{13}C-DEPT（150.9 MHz）

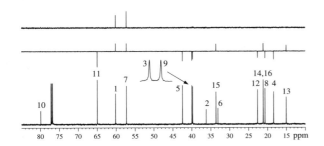

INADEQUATE から炭素骨格の結合様式を読む．高周波数側（80 ppm）にある O に結合した第四級炭素 C10 のシグナルからは C1，C9 および C16（C8 と接近して判別に注意が必要）に相関があり，直接結合していることがわかる．さらに，C1 からは C2 と C12 へ，C9 からは C8 に相関がある．これを先に進んでいくと，以下の骨格があることがわかる．C11 は高周波数側にある CH_2 であることから，O に結合している．C14 と C16 は重なっているので，ここでは区別できない．

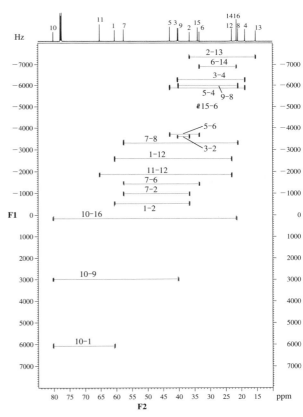

INADEQUATE（150.9 MHz）

^{1}**H** には 4 個のメチル基の 3H, s があり，^{13}C との相関を **HMQC** で確かめる．C15 と C13 は，それぞれ 0.88（H15）と 0.84（H13）ppm のメチル基の ^{1}H シグナルと相関して

いる．C14とC16が重なったシグナルは1.09，0.83 ppm の2個のメチル基の¹Hシグナルと相関している．**HMBC** では，1.09 ppmのシグナルはC1(β), C9(β)およびC10(α) と相関しているので，H16のメチル基に帰属できる．0.83 ppmの¹Hシグナルの相関は交差ピークの重なりにより判別しにくいが，必然的にH14のメチル基になる．

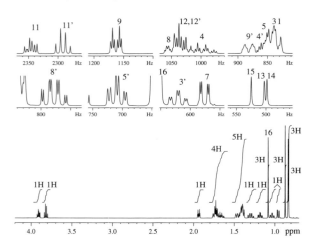

¹H NMR（600 MHz）

HMQC（600 MHz）

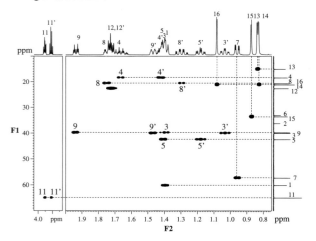

HMBC（600 MHz）

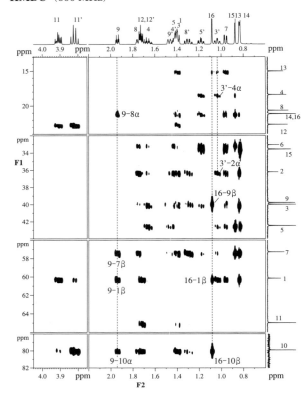

分子は4個のキラル中心をもつため，7個のCH₂プロトンはそれぞれジアステレオトピックである．**HMQC** を見ると，C3, C4, C5, C9, C8, C11には明らかに¹Hへの相関が2個ずつあり，H4, H4'のように低周波数側のシグナルに'の記号をつけて区別する．接近しているC3とC9の¹³Cシグナルからは，あわせて4個の相関があり区別が難しい．**HMBC** では，1.94 ppm（1H, dt）はC10に相関しているのでH9となり，1.04 ppm（1H, dt）はC2(α)とC4(α)に相関しているのでH3'となる．残りの1.38, 1.48 ppmのシグナルからの相関は判読が困難である．参考までに，他の判読が可能な相関を本解答の最後のページに示す．**HMQC** のC12からの交差ピークは広がっているため，化学シフト差の小さい2種類の¹Hシグナルへの相関に見える．C7とC1の2本のCHシグナルは，それぞれ0.96 ppm（1H, dd）と1.4 ppm付近の重なったシグナルの一つに相関している．これで，大部分の¹Hと¹³Cを相関することができた．

この化合物の立体化学を考慮して，¹Hの解析をさらに進める．互いにトランスに連結された2個のシクロヘキサン環（トランスデカリン骨格）は，両方とも"いす形配座"に固定されている．このような構造では，アキシアル（ax）のプロトンはエクアトリアル（eq）のプロトンに比べて約

0.1〜0.7 ppm 低周波数にシフトする傾向がある（3・4節の p.140 参照）．また，シクロヘキサン環のビシナルカップリング定数 $^3J_{HH}$ は，eq-eq と eq-ax では小さい値（2〜3 Hz）を，ax-ax では大きい値（8〜10 Hz）をとる（3・13節の Karplus の式，3章付録 F 参照）．また，W の位置関係にある 1,3 位の eq-eq 間に遠隔カップリング $^4J_{HH}$ が観測されることがある．

C8 に結合した 2 個のプロトンのうち，H8'（1.30 ppm）は ax プロトンで，H8（^2J＝約 13 Hz），H7 と H9'（$^3J_{ax-ax}$＝約 13 Hz）とのカップリングで大きく四重線に分裂し，H9（$^3J_{eq-eq}$＝約 3 Hz）とのカップリングでさらに細かく二重線に分裂している．このカップリング定数の関係に基づいて，他のシクロヘキサン環に結合したプロトンの予想される分裂様式を下表にまとめた．これによると，H8 は大きく分裂した 2 本がさらに小さく 4 本に分裂する（dq）はずであるが，シグナルの一部が他と重なっている．H7 は dd，H9 は dt であることも同様に理解できる．H9' と H3 の帰属はまだ確定していないが，1.47 ppm のシグナルは，約 13 Hz で大きく分裂しその先端が細かく分裂しているため，H9' に予想される分裂様式として矛盾がない．

C3-C5 の連続したメチレン基も同様に解釈できる．H5' と H3' では予想される分裂様式が観測されている．H4 は一部が他のシグナルと重なっているが，大きく分裂した四重線が小さく三重線に分裂しているように見えるので ax であると考えられる．H4 と H4' の場合だけ，ax プロトンが高周波数に現れているのは，1,3-ジアキシアルの関係にあるメチル基が 2 個あり，立体障害の効果により非遮蔽を受けたためと考えられる．H4'，H5，H3 のシグナルはたがいに重なりあっているので，十分に解析することはできない．

残されているのは，C11 と C12 のジアステレオトピックなメチレンプロトンおよび C1 のメチンプロトンである．H11 と H11' は O の影響で最も高周波数（3.90，3.82 ppm）に現れ，相互にカップリングした AB 四重線が H12 と H12' とのカップリングによりさらに分裂している．H12 と H12' のシグナルは 1.73 ppm 付近に複雑な多重線として重なって現れている．H12 と H12' はさらに H1（1.34 ppm 付近で他のシグナルと重なる）ともカップリングしているはずである．したがって，C1，C12，C11 に結合したプロトンは ABMXY 系となる．五員環部の立体配座が明確ではないことと，シグナルの重なりが多いので，これ以上の解析は困難である．

この問題では，COSY があればプロトン間のカップリングの関係を容易に調べることができる．また，NOE または ROESY があれば，ジアステレオトピックプロトンの立体化学を確認することができる．たとえば，ax にある C13 のメチルプロトンからは，1,3-ジアキシアルの関係にある H4，H8' や他のメチル基への NOE が観測されるはずである．したがって，C14 と C15 の立体化学も決定することができる．

表　立体配座から予想されるプロトンの分裂様式（ax：アキシアル，eq：エクアトリアル）

	実測化学シフト (ppm)	ジェミナル, ax-ax プロトン	大きい分裂による多重度	ax-eq, eq-eq プロトン	小さい分裂による多重度
H7(ax)	0.96	H8'	d	H8	d
H8(eq)	1.75 付近	H8'	d	H7, H9, H9'	q
H8'(ax)	1.30	H8, H7, H9'	q	H9	d
H9(eq)	1.93	H9'	d	H8, H8'	t
H9'(ax)	1.47	H9, H8'	t	H8	d
H3(eq)	1.40 付近	H3'	d	H4, H4'	t
H3'(ax)	1.03	H3, H4	t	H4'	d
H4(ax)	1.65	H4', H5', H3'	q	H3, H5	d
H4'(eq)	1.43 付近	H4	d	H3, H5	t
H5(eq)	1.41 付近	H5'	d	H4, H4'	t
H5'(ax)	1.18	H5, H4	t	H4'	d

＊　遠隔カップリングは考慮していない．

HMBC (600 MHz)

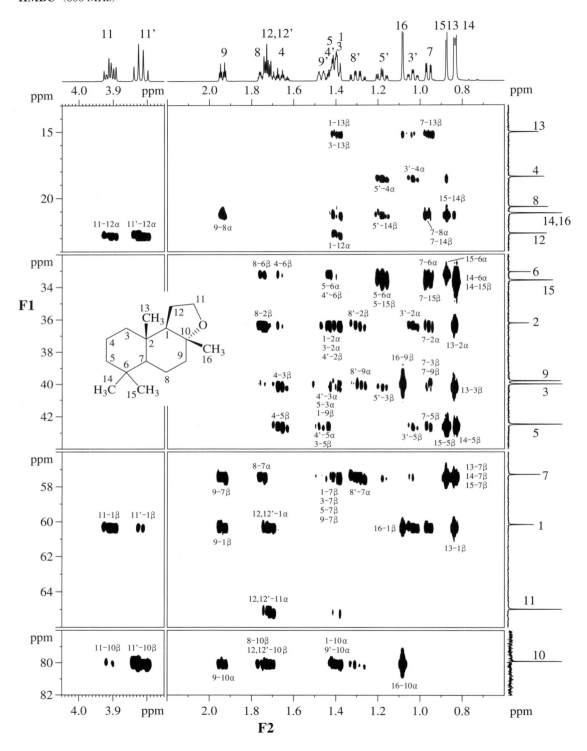

* シグナルの重なりにより帰属が困難な場合，可能な相関を併記した．実際には，それらのすべてまたは一部の相関が現れている．

8 演習問題

問題 8・1 の解答

シクロヘプタノン（C₇H₁₂O，分子量 112）

MS では分子イオンピーク［M］が *m/z* 112 にある．**IR** では強い C=O 伸縮（1701 cm⁻¹）があり，C-O 伸縮やアルデヒドの C-H 伸縮はないので，ケトンの可能性が高い．C=O 伸縮の波数は標準的な鎖状ケトン（1715 cm⁻¹，2・6・11 節参照）より少し低波数にある．ケトンのカルボニル基 C=O を 1 個含むとすると，1 章付録 A から分子式は C₇H₁₂O（IHD 2）となる．IR，¹H，¹³C ではアルケンの吸収またはシグナルはないので，この化合物は C=O のほかに環構造を 1 個もつはずである．

¹H では，1.6 ppm（8H）と 2.4 ppm（4H）付近に複雑なシグナルがあるが，構造を確認するための決定的な証拠とはならない．**¹³C** では，C=O 領域に 1 本の第四級炭素（215 ppm）シグナル，脂肪族領域に 3 本の CH₂ シグナルがある．分子中の炭素は 7 個であるので，分子は対称性をもつはずであり，この化合物はシクロヘプタノンとなる．

¹H と **¹³C** の帰属をスペクトル中に示す．**¹H** では C=O の α プロトン（4H）が高周波数に現れている（3 章付録表 C・1 参照）．環構造をもつため，シグナルは非常に複雑に分裂している．

質量スペクトル

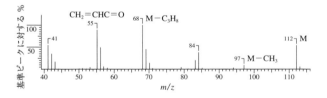

¹H NMR（300 MHz）

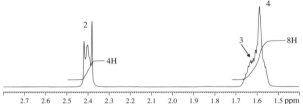

赤外スペクトル

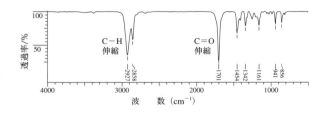

¹³C-DEPT NMR（75.5 MHz）

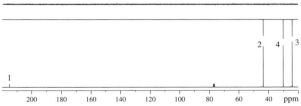

問題 8·2 の解答

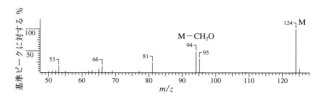

m-メトキシフェノール ($C_7H_8O_2$, 分子量 124)

MS では分子イオンピーク [M] が *m/z* 124 にある. **IR** では，強く幅広い O–H 伸縮 ($3393\ cm^{-1}$) が特徴的であり，ほかに C–O–C 伸縮 (逆対称 1284，対称 $1041\ cm^{-1}$)，芳香環 C≕C 伸縮 (1601, $1493\ cm^{-1}$) が見られる. **^{13}C** は 7 本のシグナル ($CH_3 \times 1$, $CH \times 4$, $C \times 2$) を示し，炭素に結合している水素は少なくとも 7 個である．酸素原子を 2 個以上含むことを考えると，1 章付録 A から分子式は $C_7H_8O_2$ (IHD 4) となる．ベンゼン環が 1 個あるとすると，これ以外に多重結合と環構造はもたない．

^1H および **^{13}C** の芳香族領域にシグナルがあることから，ベンゼン環が存在する．^{13}C の C1～C6 のシグナルはベンゼン環の炭素であり，第四級炭素が 2 個あることから，オルトまたはメタ置換ベンゼンである (パラ置換であると 4 本). **^1H** の 6.4～7.2 ppm にある多重線はベンゼン環のシグナル 4H 分であり，このうち H2 のシグナルは小さいカップリング定数 (J=1～2 Hz) で分裂しているので，メタ体であることがわかる．また，芳香族の三つのシグナルが高周波数にシフト (酸素置換基のオルト位に特徴的, 3 章付録図 D·1 参照) していることも，メタ体であることを支持する．**^1H** の H7 (3.8 ppm, 3H, s) は，電気陰性度の大きい酸素に結合した CH_3 基のものである．以上のことから，ベンゼン環に結合した置換基は $-OCH_3$ と $-OH$ であり，この化合物は *m*-メトキシフェノールとなる．**^1H** に見られる 4.7 ppm の幅広いシグナルはフェノールの OH によるものである．

表 4·12 を用いてベンゼン環の ^{13}C の化学シフトを計算すると，次のようになり，実測値によく一致している．

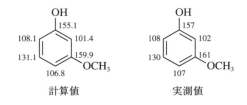

質量スペクトル

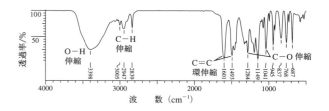

^1H NMR (300 MHz)

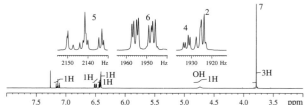

赤外スペクトル

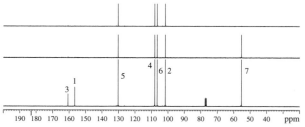

^{13}C-DEPT NMR (75.5 MHz)

問題 8・3 の解答

HO–H₂C–C≡C–CH₂–CH₃
 1   2 3   4   5

2-ペンチン-1-オール（C_5H_8O，分子量 84）

MS では分子イオンピーク [M] が m/z 84 にある．**IR** では，強く幅広い O–H 伸縮（3332 cm^{-1}）と C–O 伸縮（1014 cm^{-1}）が見られ，おそらく第一級アルコールである（表 2・5 参照）．また，C≡C 伸縮（2229 cm^{-1}）から，アルキンと予想される．^{13}C は少なくとも 5 個の炭素（CH₃×1，CH₂×2，C×2）があることを示す．したがって，1 章付録 A から分子式は C_5H_8O（IHD 2）となり，三重結合を 1 個もつ鎖状の化合物である．

^{13}C ではアルキン領域に 2 本のシグナル C3 と C2（78，87 ppm）があり，いずれも第四級であるため内部アルキンである．そのほかに 3 本のシグナルがあり，低周波数側から CH₂，CH₃，CH₂ である．そのうち 51 ppm の CH₂ は酸素に結合していることが予想される．^{1}H では 1.1 ppm（t, $J=7$ Hz, 3H）があり，カップリングから –CH₂CH₃ の部分構造がわかる．CH₃ とカップリングしているのは 2.2 ppm（m, 2H）であり，四重線（$J=7$ Hz）が小さいカップリング定数（$J=2$ Hz）でさらに三重線に分裂している．この小さい分裂は 4.2 ppm の 2H によるもので，三重結合を通した遠隔カップリング $^5J_{HH}$（3・14 節，図 3・45，3 章付録 F 参照）として理解できる．残りの 1.5 ppm のシグナルは OH によるものである．部分構造である –CH₂CH₃，–C≡C–，–CH₂OH を組合わせると，この化合物は 2-ペンチン-1-オール となる．^{1}H では，プロトンの速い交換のため OH と CH₂ のカップリングは観測されていない．

質量スペクトル

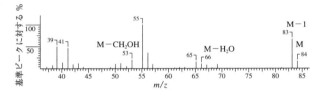

^{1}H NMR（300 MHz）

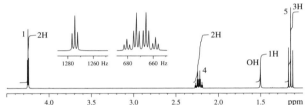

赤外スペクトル

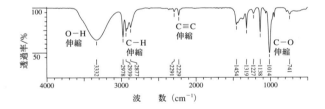

^{13}C-DEPT NMR（75.5 MHz）

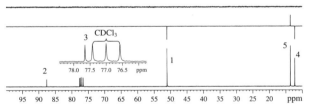

問題 8・4 の解答

2-アセチルチオフェン [1-(2-チエニル)エタノン]
(C_6H_6OS, 分子量 126)

MS では分子イオンピーク [M] が m/z 126 にある. [M+2] の m/z 128 に [M] の 4.9 % の強度をもつ同位体ピークがあることから, S を 1 個含んでいる (本編 p.16, 表 1・3 参照). **IR** では強い C=O 伸縮振動が 1662 cm^{-1} にあり, 比較的低波数であることから, 共役カルボニル基であると予想される. ^{13}**C** ではシグナルが 6 本 (CH$_3$×1, CH×3, C×2) あり, 炭素は 6 個以上, 水素は 6 個以上含まれる. 分子量から硫黄 1 個分を差引くと 94 となり, 1 章付録 A からこの分子量に相当するのは C_6H_6O となる. したがっ

て, 分子式は C_6H_6OS (IHD 4) となる.
^{1}**H** では 2.5 ppm に 3H(s) のシグナルと芳香族領域に 3 種類のシグナルがある. ここまでの情報で, C=O と CH$_3$ の部分構造がわかり, 残りの C$_4$H$_3$S で考えられる芳香環としてはチオフェンの可能性が高い. したがって, この時点でアセチル基の置換したチオフェンが候補となる. この化合物には 2-置換体と 3-置換体の異性体があり, これは ^{1}H から区別できる. 芳香族領域の 3 種類のシグナルは, 小さい分裂を無視すれば, 高周波数側からおおむね d, d, t であり, 三つのプロトンが芳香環内で連続して結合した 2-アセチルチオフェンの構造を支持する. もし, 3-アセチルチオフェンであれば, $^4J_{HH}$ の小さいカップリング定数で分裂したシグナルがあるはずである. ただし, ベンゼン環の場合と比較して, チオフェン環の ^{1}H 間の $^3J_{HH}$ は小さく (3〜6 Hz), $^4J_{HH}$ (1〜4 Hz) とあまり変わらないので注意が必要である (3 章付録 F 参照). 実測のスペクトルから, カップリング定数は $^3J_{H1-H2}$=5.0 Hz, $^4J_{H1-H3}$=1.2 Hz, $^3J_{H2-H3}$=3.8 Hz である.

質量スペクトル

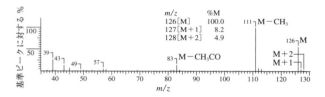

赤外スペクトル

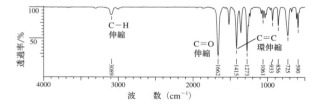

^{1}H NMR (300 MHz)

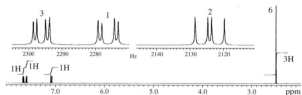

^{13}C-DEPT NMR (75.5 MHz)

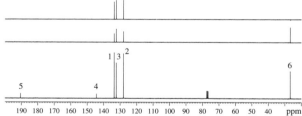

問題 8・5 の解答

(1-ブロモエチル)ベンゼン (C_8H_9Br, 分子量 184)

MS では m/z 184 [M] と 186 [M+2] にほぼ等しい強度の 2 本のピークがあり, 臭素原子を 1 個含むことを示す. 基準ピーク m/z 105 は [M−Br] に由来するイオンである. **IR** では芳香環 $C=C$ 伸縮が 1496, 1450 cm^{-1} に見られる. **^{13}C** では炭素のシグナルが 6 本 ($CH_3 \times 1$, $CH \times 4$, $C \times 1$) あり, 炭素は 6 個以上, 水素は 9 個 (^1H の積分強度から) 含まれる. 分子量から臭素 1 個分を差引くと 105 となり,

1 章付録 A からこれに相当するのは C_8H_9 となる. したがって, 分子式は C_8H_9Br (IHD 4) となる. ベンゼン環が 1 個あるとすると, これ以外に多重結合と環構造はもたない.

^1H の芳香族領域には, 高周波数側から 2H(d), 2H(t), 1H(m, おそらく t) のシグナル (メタカップリングは無視) があり, 一置換ベンゼンであることが予想される. ^{13}C の芳香族領域に 4 本のシグナルがあることも, これを支持する. 最も弱いシグナルは, 置換基をもつ C1 によるものである. また, ^1H の 5.38 ppm (1H, q) と 2.10 ppm (3H, d) のシグナルから, CH_3CH- の部分構造があり CH の炭素に電気陰性度の大きい Br が結合しているこがわかる. したがって, この化合物は $C_6H_5-CHBr-CH_3$ すなわち (1-ブロモエチル)ベンゼンと決定できる. 芳香族水素と炭素のオルト, メタ, パラの帰属は, 図中に示すとおりである.

質量スペクトル

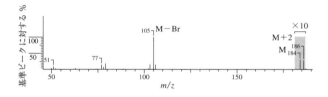

^1H NMR (300 MHz)

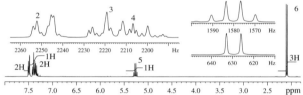

赤外スペクトル

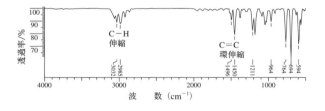

^{13}C-DEPT NMR (75.5 MHz)

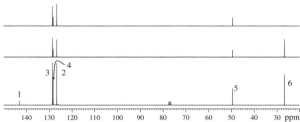

問題 8・6 の解答

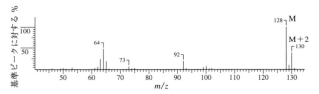

o-クロロフェノール（C₆H₅ClO，分子量 128）

MS では m/z 128 [M] と 130 [M+2] に 3:1 の強度比のピークがあり，塩素原子を 1 個含むことを示す．**IR** では，芳香環 C＝C 伸縮が 1585, 1481 cm⁻¹ に現れ，3521, 3464 cm⁻¹ の幅広い吸収は OH によるものと考えられる．**¹H** には 5.6 ppm に幅広いシグナルがあるので，フェノール性の OH の存在がわかる（3 章付録 E 参照）．**¹³C** ではシグナルが芳香族領域に 6 本（CH×4，C×2）ある．したがって，炭素は 6 個以上，水素は 5 個（**¹H** の積分強度から）含まれる．塩素 1 個と酸素 1 個の存在を考慮する

と，1 章付録 A からこれに該当する分子式は C₆H₅ClO（IHD 4）となる．ベンゼン環が 1 個あるとすると，これ以外に多重結合と環構造はもたない．

¹H の芳香族領域には，メタカップリングを無視すると，高周波数側から d, t, d, t の 1H ずつのシグナルが見られる．これは典型的なオルト二置換ベンゼンのパターンである．したがって，この化合物は，Cl と OH 基をもつオルト二置換ベンゼンである *o-クロロフェノール* と決定できる．

3 章付録図 D・1 および表 4・12 のデータを用いて ¹H と ¹³C の化学シフトを計算すると下記のようになり*，図中のとおりシグナルを帰属することができる．

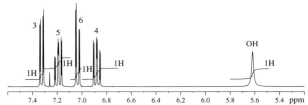

質量スペクトル

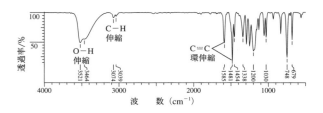

¹H NMR（300 MHz）

赤外スペクトル

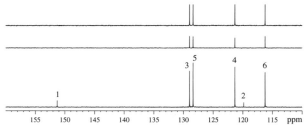

¹³C-DEPT NMR（75.5 MHz）

---

* ¹H NMR の化学シフトの計算値は，実測スペクトルの化学シフトとあまりよく一致していないが，少なくとも二つの二重線どうしおよび二つの三重線どうしの化学シフトの傾向は再現している．

問題 8・7 の解答

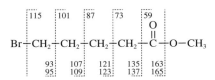

5-ブロモペンタン酸メチル
($C_6H_{11}BrO_2$, 分子量 194)

MS では m/z 194 [M] と 196 [M+2] にほぼ等しい強度の 2 本のピークがあり，臭素原子を 1 個含むことを示す．m/z 115 のピークは [M−Br] に由来するイオンである．**IR** では C=O 伸縮が 1736 cm^{-1} に見られ，他の吸収と重なっているものの 1203 cm^{-1} に C−O 伸縮と考えられる吸収があるのでエステルの可能性が高い．**^{13}C** ではシグナルが 6 本（CH$_3$×1, CH$_2$×4, C×1）あり，炭素は 6 個以上，水素は 11 個（^{1}H の積分強度から）含まれる．分子量から臭素 1 個分を差引くと 115 となり，1 章付録 A からこれに相当するのは $C_6H_{11}O_2$ となる．したがって，分子式は $C_6H_{11}BrO_2$（IHD 1）となる．

^{1}H では，3.6 ppm に 3H(s) があり，酸素に結合したメチル基の存在を示す．3.34 ppm と 2.27 ppm の 2H(t) は，2 種類の CH$_2$ のシグナルを示し，隣接炭素には 2 個の水素が結合している．1.7 ppm と 1.8 ppm 付近の 2H(m) は非常に複雑であり，異なるカップリング定数で複数の ^{1}H とカップリングしていることを示す．この特徴に一致するのは，−CH$_2$CH$_2$CH$_2$CH$_2$− の部分構造であり，両端の CH$_2$ が t, 内側の CH$_2$ が近似的には五重線になる．3 章付録図 A・1, 付録表 B・1 のデータから，3.34 ppm(t) が Br に結合した CH$_2$, 2.27 ppm(t) が C=O に結合した CH$_2$ と予想される．以上のことから，Br−, −(CH$_2$)$_4$−, −COOCH$_3$ の部分構造がわかり，これらを組合わせると **5-ブロモペンタン酸メチル** となる．

^{1}H と ^{13}C の帰属は図に示すとおりである．これらのスペクトルだけから，H3 と H4 の帰属および C2, C4, C5 の帰属は難しいが，構造決定のためには必須ではない．

MS における可能なフラグメントイオンを以下に示す．Br を含むフラグメントは 1 : 1 の強度の 2 本のピークを示す．m/z 55 のピークは [M−(CO$_2$CH$_3$+HBr)] のフラグメントに対応する．

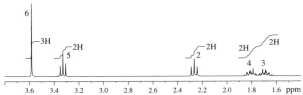

質量スペクトル

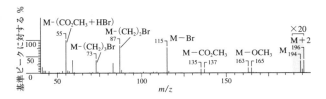

^{1}H NMR（300 MHz）

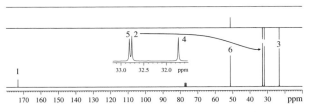

赤外スペクトル

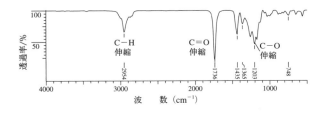

^{13}C-DEPT NMR（75.5 MHz）

問題 8・8 の解答

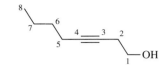

3-オクチン-1-オール（$C_8H_{14}O$, 分子量 126）

MS では分子イオンピーク［M］が m/z 126 にある．**IR** では，強く幅広い O－H 伸縮（3344 cm^{-1}）と C－O 伸縮（1045 cm^{-1}）が見られ，^{1}H の 2.0 ppm 付近に幅広いピークがあるのでアルコールの存在が予想される．^{13}C ではシグナルが 8 本（$CH_3 \times 1$, $CH_2 \times 5$, $C \times 2$）あり，炭素は 8 個以上，水素は 14 個（^{1}H の積分強度から）含まれる．酸素があることを考慮すると，1 章付録 A からこれに該当する分子式は $C_8H_{14}O$（IHD 2）となる．

^{13}C のアルキン領域に 2 本のシグナルがあることから，この化合物は三重結合 1 個をもつ．IHD を考慮すると，三重結合以外に多重結合や環構造はもたない．また，^{1}H に末端アルキン C≡C－H のシグナルがないこと，**IR** の 2200 cm^{-1} 付近に C≡C 伸縮がないことから，内部アルキンである．^{1}H では，3.63 ppm に幅広いシグナル（OH プロトンの交換が比較的遅いので）があり，O に結合した CH_2 によるものである．また，0.89 ppm（3H, t）から，$-CH_2-$ CH_3 の部分構造がわかる．2.13 ppm と 2.39 ppm の各 2H 分のシグナルは，三重線がさらに細かく分裂した多重線である．この分裂は三重結合を経由した遠隔カップリング（3 章付録 F, $^5J_{HH} = 2 \sim 3$ Hz）が原因と考えられるので，

$$-CH_2CH_2-C\equiv C-CH_2CH_2-$$

の部分構造の存在を示唆する．以上の情報から，可能な構造は以下の二つにしぼられる．

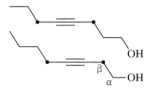

三重結合の炭素に結合した二つの CH_2（•で示す）のシグナルは，約 0.3 ppm の化学シフト差をもつ．OH 基の影響を受けにくい最初の構造では二つの CH_2 は非常に近い化学シフトをもつことが予想されるが，2 番目の構造では一方の CH_2 は OH の β 位にあるので，0.3 ppm 程度の高周波数シフトが予想される（3 章付録図 A・2，M－C－CH_2 と M－C－OH の化学シフトを比較）．したがって，この化合物は 2 番目の構造の 3-オクチン-1-オール である．

質量スペクトル

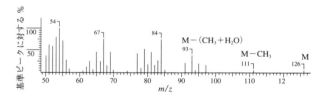

赤外スペクトル

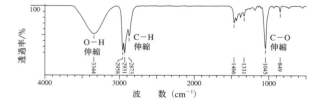

^{1}H NMR（300 MHz）

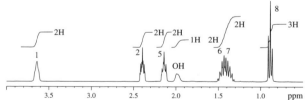

^{13}C-DEPT NMR（75.5 MHz）

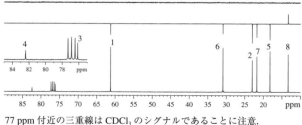

77 ppm 付近の三重線は $CDCl_3$ のシグナルであることに注意．

問題 8・9 の解答

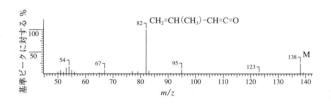

イソホロン（$C_9H_{14}O$，分子量 138）
（3,5,5-トリメチルシクロヘキサ-2-エン-1-オン）

MS では分子イオンピーク［M］が m/z 138 にある．**IR** では強い C=O 伸縮（1670 cm^{-1}）が見られ，低波数に移動しているので共役カルボニル基であることを示す．^{13}C ではシグナルが 8 本（$CH_3 \times 2$，$CH_2 \times 2$，$CH \times 1$，$C \times 3$）あり，炭素が 8 個以上，水素は 14 個（^1H の積分強度から）含まれる．このうち 1 本はカルボニル炭素領域にある第四級炭素である．酸素があることを考慮すると，1 章付録 A からこれに該当する分子式は $C_9H_{14}O$（IHD 3）となる．^1H と ^{13}C ではアルケン領域にシグナルが見られる．したがって，カルボニル基 1 個と二重結合 1 個のほかに，環構造がある．

^{13}C のアルケン領域には CH と C のシグナルが 1 本ずつあり，三置換アルケンであることを示す．また，アルケン炭素の一方が高周波数にシフトしていることから，共役ケトンである（表 4・10 参照，2-シクロヘキセノンの化学シフト参照）．ここで，高周波数側（160 ppm）にある β 位のアルケン炭素は第四級であり，もう一つ（125 ppm）の α 位のアルケン炭素は CH である．メチル基のシグナルは，^{13}C では 24 と 28 ppm に 2 本あり，^1H では 0.98 ppm（6H, s）と 1.89 ppm（3H, m）に 2 種類ある．強度の大きい 28 ppm の ^{13}C シグナルは 2 個のメチル基によるものであり，これに対応する ^1H シグナルは一重線であることから第四級炭素に結合した等価なジェミナルメチル基である．もう一つのメチル基の ^1H シグナルは少し高周波数側にあり，遠隔カップリングで小さく分裂しているように見えるので，アルケン炭素に結合していることが予想される．残された原子は C_2H_4 であり，^{13}C から 2 個の CH_2 に対応できる．ここまでの情報から以下の部分構造がわかる．

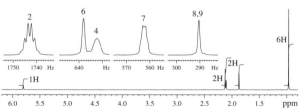

CH_2 の 2 種類の ^1H シグナルの化学シフトは 2.1 ppm 付近であり，C=O や C=C の炭素に結合している CH_2 の領域にある．これらのシグナルは互いにカップリングしていないので，2 個の CH_2 は連続していない．また，H4 のシグナルが少し幅広いのは，C=C を経由したアリル位の小さい遠隔カップリングによるものである．環構造があることを考慮すると，3,5,5-トリメチルシクロヘキサ-2-エン-1-オンに決まる．この化合物はイソホロンとよばれる天然物である．**MS** における m/z 82 の基準ピークは，逆ディールス-アルダー反応により生じる $CH_2=CH(CH_3)-CH=C=O$ によるものである．

質量スペクトル

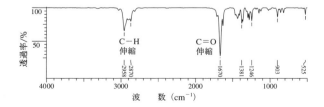

^1H NMR（300 MHz）

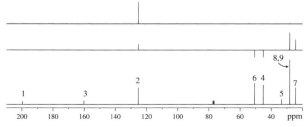

赤外スペクトル

^{13}C-DEPT NMR（75.5 MHz）

問題 8・10 の解答

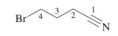

4-ブロモブタンニトリル
(C_4H_6BrN, 分子量 147)

MS では m/z 147 [M] と 149 [M+2] にほぼ等しい強度の2本のピークがあり, 臭素原子を1個含むことを示す. m/z 68 のピークは [M−Br] に由来するイオンである. 分子量が奇数であるので, 奇数個の N が含まれる. 分子量から臭素1個分を差引くと 68 となり, 窒素の存在を考慮すると, 1章付録 A からこれに相当するのは C_4H_6N だけである. したがって, 分子式は C_4H_6BrN (IHD 2) である.

IR では C≡N 伸縮 (2245 cm^{-1}) が特徴的であり, ^{13}C では 118 ppm にシグナルがあることから, シアノ基の存在がわかる. IHD を考慮すると, ほかに多重結合と環構造ももたない. ^{13}C ではシアノ基以外に CH_2 のシグナルが3本あり, ^{1}H では高周波数側から 2H(t), 2H(t), 2H(五重線)の3種類のシグナルがあることから, CH_2 基が3個連続していることがわかる. 残された置換基は Br と C≡N であるので, この化合物の構造は Br−CH_2−CH_2−CH_2−C≡N となり, 4-ブロモブタンニトリルに決まる.

3章付録図 A・1 と A・2(^{1}H) および表 4・5 と 4・6(^{13}C)から, NMR の帰属はスペクトルに示したとおりとなる. **MS** での主要なピークは, m/z 119, 121 [$CH_2CH_2CH_2Br$], m/z 107, 109 [CH_2CH_2Br], m/z 93, 95 [CH_2Br], m/z 54 [M−CH_2Br] である. **IR** では, 1250 cm^{-1} の吸収は CH_2Br の CH_2 縦ゆれ振動(表 2・9 参照), 1435 cm^{-1} の吸収は CH_2 はさみ振動(2・6・1・2 項参照)によるものである.

質量スペクトル

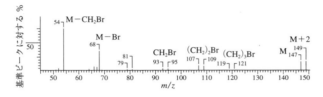

赤外スペクトル

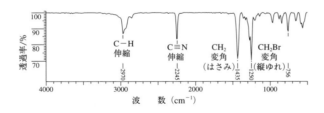

^{1}H NMR (300 MHz)

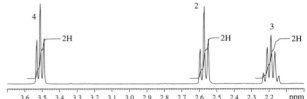

^{13}C-DEPT NMR (75.5 MHz)

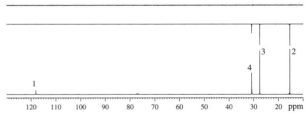

問題 8・11 の解答

2-(4-アミノフェニル)エタノール
($C_8H_{11}NO$, 分子量 137)

MS では分子イオンピーク [M] が m/z 137 にある. 分子量が奇数であるので, 奇数個の窒素が含まれる. IR における 3350〜3000 cm^{-1} の吸収は N-H 伸縮と O-H 伸縮（幅広い）によるものである. ^{13}C のカルボニル基の領域にシグナルはないので, カルボン酸やアミドではなく, アルコールやアミンの可能性が高い. ^{1}H における 1〜4 ppm の非常に幅広いシグナルは OH や NH によるものであるが, 正確な積分強度を見積もることは難しいので, この問題では部分構造をある程度決めてから, 分子式を導くことにする.

芳香族領域に ^{13}C は 4 本のシグナル（CH×2, C×2）, ^{1}H は 2H(d), 2H(d) の 2 種類のシグナルを示すことは, 異種パラ二置換ベンゼンに特徴的である. 脂肪族領域には CH$_2$ のシグナルが 2 種類あり, ^{1}H は両方とも t であるので,

両端に異なる置換基が結合した $-CH_2-CH_2-$ の部分構造が予想される. そのうち, 一方の CH$_2$ の ^{1}H（3.79 ppm）と ^{13}C（64 ppm）の化学シフトは高波数側にあるので, O に結合している. この段階で, 部分構造は $-C_6H_4-$（パラ）と $-CH_2-CH_2-OH$ となる. 分子式が 137 で, 炭素が 8 個以上, 水素が 9 個以上で酸素と窒素が含まれることを考慮すると, 1 章付録 A からこれに該当する分子式は $C_8H_{11}NO$（IHD 4）だけとなる. したがって, 残された部分構造は NH$_2$ であり, これらの構造を組合わせるとベンゼン環のパラ位に NH$_2$ と $-CH_2-CH_2-OH$ が結合した **2-(4-アミノフェニル)エタノール**になる.

NMR の帰属をスペクトル中に示す. OH と NH$_2$ の ^{1}H シグナルは, 化学交換のため非常に幅広くなっている. 芳香族の ^{1}H と ^{13}C の化学シフトは下記のように, 3 章付録図 D・1 および表 4・12 のデータを用いた計算値（$-CH_2-CH_2-OH$ は $-CH_2-CH_3$ として計算）とよく一致している. MS における m/z 106 の基準ピークは [M$-$CH$_2$OH] によるもので, 第一級アルコールに特徴的なフラグメントである.

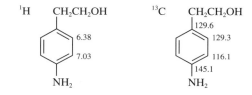

質量スペクトル

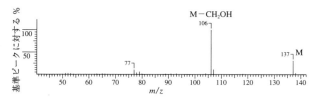

^{1}H NMR（300 MHz）

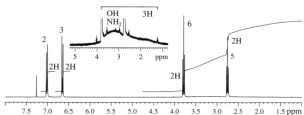

赤外スペクトル

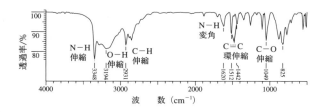

^{13}C-DEPT NMR（75.5 MHz）

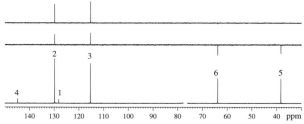

問題 8・12 の解答

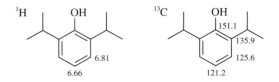

2,6-ジイソプロピルフェノール（$C_{12}H_{18}O$, 分子量 178）

MS では分子イオンピーク[M]が m/z 178 にある．**IR** では強く幅広い OH 伸縮（3572 cm^{-1} 付近）があり，**^{1}H** では 4.8 ppm 付近に幅広い 1H のシグナルがあるので，OH が 1 個存在する．^{13}C ではシグナルが 6 本（CH$_3$×1, CH×3, C×2）あり，炭素は 6 個以上，水素は 18 個（積分強度から）含まれる．酸素があることを考慮すると，1 章付録 A からこれに該当する分子式は $C_{12}H_{18}O$（IHD 4）となる．芳香族領域に NMR のシグナルがあることから，ベンゼン環が 1 個存在する．

^{1}H では 1.42 ppm（12H, d）と 3.22 ppm（2H, 七重線）にシグナルがあり，たがいにカップリングしている（$J=8$ Hz）ので，等価なイソプロピル基が 2 個あることになる．芳香族領域では，^{13}C は 4 本のシグナル（CH×2, C×2），^{1}H は $J=$ 約 8 Hz でカップリングした 2 種類のシグナル 2H(d)と 1H(見かけ上，三重線)を示す．これに一致するのは，対称的にかつ連続して置換した三置換ベンゼンである．部分構造は，C_6H_3，$(CH_3)_2CH-$×2，$-OH$ となり，考えられる構造は 2,6-ジイソプロピルフェノールである．芳香族の ^{1}H と ^{13}C の化学シフトはそれぞれ 3 章付録図 D・1 と表 4・12 のデータから下記のように計算することができる．

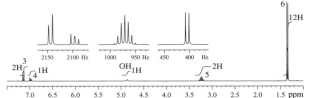

MS における基準ピーク m/z 163 は[M−CH$_3$]によるものである．**IR** では，芳香環 C=C 伸縮（1458 cm^{-1}）と C−O 伸縮（1203 cm^{-1}）が見られる．

質量スペクトル

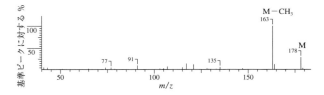

赤外スペクトル

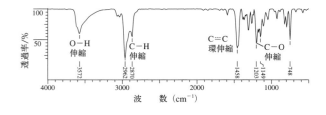

^{1}H NMR（300 MHz）

^{13}C-DEPT NMR（75.5 MHz）

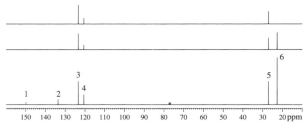

問題 8・13 の解答

3-アセチルピリジン (C_7H_7NO, 分子量 121)

MS では分子イオンピーク [M] が m/z 121 にある.分子量が奇数であるので,奇数個の窒素が存在すると考えられる.m/z 106 の基準ピークは [M−CH$_3$],m/z 78 のピークは M−COCH$_3$ によるものであり,アセチル基の存在が予想できる.**IR** では,C=O 伸縮 (1689 cm^{-1}) が特徴的であり,低波数側にあることから共役している.また,芳香環 C=C や C=N 伸縮の領域 (1419 cm^{-1} など) に吸収が見られる.**^{13}C** ではシグナルが 7 本 (CH$_3$×1, CH×4, C×2) あり,炭素は 7 個以上,水素は 7 個 (^{1}H の積分強度から) 含まれる.窒素と酸素があることを考慮すると,1 章付録 A からこれに該当する分子式は C_7H_7NO (IHD 4) となる.

^{1}H の 2.00 ppm (3H, s) のメチル基のシグナルと ^{13}C の 26 ppm (CH$_3$),196 ppm (C=O) のシグナルからも,CH$_3$CO 基の存在が確認できる.分子式からアセチル基分を除くと C_5H_4N となり,芳香環をつくるためにはピリジン環の存在を考慮しなければならない.^{1}H の芳香族領域ではベンゼン環よりも高周波数側にいくつかのシグナルがあり,これはピリジン環の N の隣の C−H の化学シフトに特徴的である.部分構造のアセチル基とピリジン環を組合わせるとアセチルピリジンとなり,あとは置換位置が問題となる.^{1}H の芳香族領域には 4 種類のシグナル,^{13}C の芳香族領域には 5 本のシグナルがあるので,対称的な構造をもつ 4-アセチルピリジンは除外できる.芳香族の ^{1}H のシグナルを見ると,小さいカップリングを無視すれば高周波数側から s, d, d, dd であり,3-アセチルピリジンの構造を支持する (2-アセチルピリジンであれば d, dd, dd, d となる).

ピリジン環の場合,プロトンの位置によって $^3J_{HH}$ の大きさが異なり,遠隔カップリングも生じるため注意が必要である (3 章付録 F 参照).3-アセチルピリジンの場合,以下のカップリング定数を仮定することにより実測のスペクトルが解釈できる:$^4J_{H1-H3}=1.5$ Hz,$^5J_{H1-H4}=1.0$ Hz,$^4J_{H1-H5}=0$ Hz,$^3J_{H3-H4}=8$ Hz,$^4J_{H3-H5}=1.5$ Hz,$^3J_{H4-H5}=5$ Hz.H1−H4 の 5 結合を通したカップリングがあること,H4−H5 の隣接プロトン間のカップリングが小さいことが特徴である.ピリジン環の ^{13}C の帰属は問題のスペクトルだけからは困難であるが,HMQC を測定すれば ^{1}H との相関から帰属が可能である.

質量スペクトル

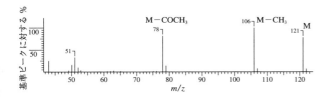

赤外スペクトル

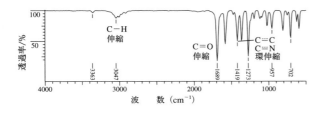

^{1}H NMR (300 MHz)

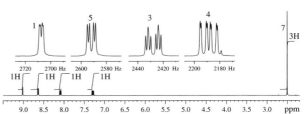

^{13}C-DEPT NMR (75.5 MHz)

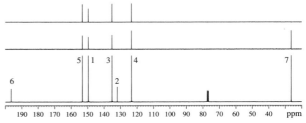

問題 8・14 の解答

アセト酢酸イソブチル（$C_8H_{14}O_3$，分子量 158）
（3-オキシブタン酸 2-メチルプロピル）

MS では分子イオンピーク [M] が m/z 158（CI では [M+1] が m/z 159）にある．**IR** では強い C=O 伸縮（1720 cm^{-1} 付近）があり，先端が 2 本に分裂している．^{13}C にはカルボニル領域に 2 本のシグナル（168, 201 ppm）にあるため，2 種類の C=O 基（第四級）が存在し，化学シフトからケトンとエステルが予想される．^{13}C ではシグナルが 7 本（CH$_3$×2, CH$_2$×2, CH×1, C×2）あり，炭素は 7 個以上，水素は 14 個（^{1}H の積分強度から）含まれる．酸素が複数あることを考慮して，1 章付録 A からこれに該当する分子式が $C_8H_{14}O_3$（IHD 2）となる．C=O 基が 2 個あるとすれば，それ以外に多重結合と環構造はもたない．

^{1}**H** では，2.22 ppm（3H, s）と 3.42 ppm（2H, s）にシグナルがあり，隣の炭素にプロトンをもたない CH$_3$ と CH$_2$ がある．残りのシグナルは，0.89 ppm（6H, d），1.91 ppm（1H, 七重線以上），3.89 ppm（2H, d）であり，これから予想される部分構造は $-CH_2CH(CH_3)_2$ である．CH は隣接プロトンが 8 個であり九重線になるはずであるが，両端のピークの強度は非常に小さいため七重線に見える．CH$_2$ の化学シフトは大きいことから，酸素に結合していることが予想される．したがって，部分構造は $-CH_3$（隣接プロトンなし），$-CH_2-$（隣接プロトンなし），C=O，C=O，$-OCH_2CH(CH_3)_2$ であり，ケトンとエステルをもつ可能な構造はアセト酢酸イソブチルだけである．

IR では，C-O 伸縮は 1149 cm^{-1} 周辺の吸収である．**MS** において，m/z 103 [CO$_2$C$_4$H$_9$+2H]，m/z 85 [M-OC$_4$H$_9$]，m/z 57 [M-CO$_2$C$_4$H$_9$] のピークは炭素 4 個のアルキル基が結合したエステルの構造を支持する．基準ピーク m/z 43 は [COCH$_3$] によるものである．この化合物は β-ケトエステルであり，エノール形の存在（図 3・34 参照）も予想されるが，少なくとも NMR を見る限りはケト形だけで存在する．

質量スペクトル

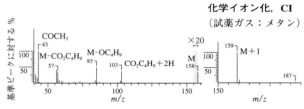

赤外スペクトル

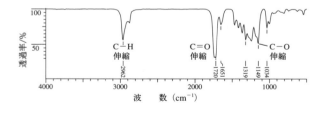

^{1}H NMR（300 MHz）

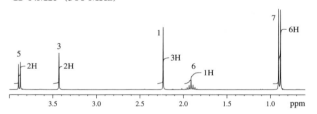

^{13}C-DEPT NMR（75.5 MHz）

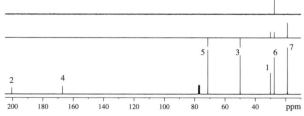

問題 8・15 の解答

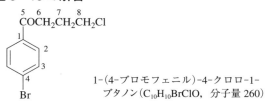

1-(4-ブロモフェニル)-4-クロロ-1-ブタノン($C_{10}H_{10}BrClO$, 分子量 260)

MS では分子イオンピーク [M] が m/z 260 にあり, 262 [M+2] と 264 [M+4] に同位体ピークが見られる. M:M+2:M+4 の比は約 3:4:1 であり, 臭素 1 個と塩素 1 個を含むパターンに一致する(図 1・35 参照). 分子量から Br と Cl を差引くと, $260-35-79=146$ となる. **IR** では, 強い C=O 伸縮 ($1685\,cm^{-1}$), 芳香環 C≔C 伸縮 (1585, $1485\,cm^{-1}$) が見られる. C=O 伸縮の吸収は低波数側にあるので, 共役カルボニル基のものである. ^{13}C では炭素のシグナルが 8 本 ($CH_2 \times 3$, $CH \times 2$, $C \times 3$) あり, 炭素は 8 個以上, 水素は 10 個 (^{1}H の積分強度から) 含まれる. 酸素があることを考慮すると, 1 章付録 A から 146 に該当するのは $C_{10}H_{10}O$ であり, 分子式は $C_{10}H_{10}BrClO$ (IHD 5) となる. これまでの情報から, ベンゼン環 1 個と C=O 基 1 個をもち, ほかに多重結合と環構造はない.

^{13}C ではカルボニル基の領域 (198 ppm) に 1 本のシグナルがある. 芳香族領域には 4 本のシグナルがあり, そのうち 2 本は強度が小さい第四級炭素である. ^{1}H の芳香族領域には対称性の高い 2 種類のピークが 7.60 ppm (2H, d), 7.83 ppm (2H, d) にあり, パラ二置換ベンゼンの構造を支持する. 脂肪族領域には, ^{13}C では 3 個の CH_2, ^{1}H では 2.31 ppm (2H, 五重線), 3.15 ppm (2H, t), 3.66 ppm (2H, t) であり, これらのパターンに一致するのは, 両端に異なる電子求引性置換基をもつ $-CH_2CH_2CH_2-$ である. ここまでの情報から部分構造は,

$-Cl$, $-Br$, $-C_6H_4-CO-CH_2CH_2CH_2-$ (パラ)

となり, 可能な構造は以下の 2 種類 **A** と **B** となる.

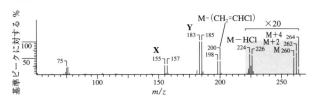

この二つの化合物の区別は容易ではないが, ^{13}C の化学シフトを比較してみる. 表 4・12 のデータを用いて, 類似化合物 (アシル基はアセチル基とする) の芳香族化学シフトを計算すると下記のようになる. C1 と C4 の実測値は 135.5, 128.2 ppm であり, **B′** よりもブロモ基がベンゼン環に結合した **A′** の計算値によく一致する.

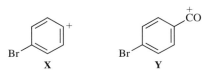

MS では, 臭素 1 個を含むフラグメントイオンが m/z 155 (157) と 183 (185) にあり, これらは **X** と **Y** に由来する.

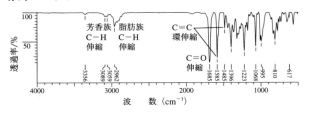

また, m/z 224 (226) は [M−HCl], m/z 198 (200) はマクラファティー転位により生じる [M−(CH_2=CHCl)] に帰属できる (1・6・4 節参照). これらのデータも Br がベンゼン環に結合していることを支持する. したがって, この化合物は 1-(4-ブロモフェニル)-4-クロロ-1-ブタノン となる.

質量スペクトル

赤外スペクトル

^{1}H NMR (300 MHz)

^{13}C-DEPT NMR (75.5 MHz)

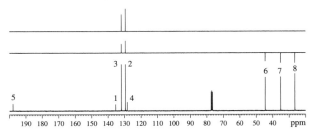

問題 8・16 の解答

2-メチルペンタン二酸（2-メチルグルタル酸）
($C_6H_{10}O_4$, 分子量 146)

MS (CI) では [M+1] のピークが m/z 147 にあり，分子量は 146 となる．**IR** では，C=O 伸縮（1709 cm^{-1}）と非常に幅広い O–H 伸縮（2400～3500 cm^{-1}）の吸収があり，カルボン酸に特徴的である．^{13}C ではシグナルが 6 本（CH$_3$×1, CH$_2$×2, CH×1, C×2）あり，炭素は 6 個以上，水素は 10 個（^{1}H の積分強度から）含まれる．酸素が 2 個以上あることを考慮すると，1 章付録 A からこれに該当する分子式は $C_6H_{10}O_4$（IHD 2）となる．

^{1}H では 11 ppm 付近に非常に幅広い 2H 分のシグナルがあり，–COOH 基を 2 個もつことを示す．したがって，この化合物は HOOC–C_4H_8–COOH の構造をもつジカルボン酸であり，C_4H_8 は炭素 4 個からなるアルキル鎖である．アルキル鎖に由来するシグナルは，^{13}C では 4 本（CH$_3$, CH$_2$, CH$_2$, CH），^{1}H では 5 種類［高周波数側から 1H(m)，2H(t)，1H(m)，1H(m)，3H(d)］である．隣接炭素に 1 個の水素をもつメチル基の存在を考慮すると，2-メチルペンタン二酸のみが可能となる．この構造では C2 がキラル中心であり，3 位と 4 位の CH$_2$ プロトンはそれぞれジアステレオトピックである．キラル中心に近い 3 位の CH$_2$ は明らかに異なる化学シフトをもち，非常に複雑なシグナル（ABM$_2$X 系の AB 部分）を示す．4 位の CH$_2$ の化学シフトはほぼ等しいため，三重線になっている．

MS における m/z 128 は [M–H$_2$O]，基準ピーク m/z 100 [M–(H$_2$O+CH$_2$=CH$_2$)] に対応する．^{13}C における 2 本のカルボニル炭素のシグナルは，これらの情報からは帰属が困難である．

質量スペクトル

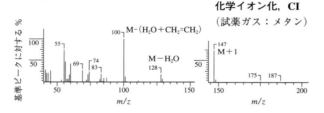

^{1}H NMR (300 MHz)

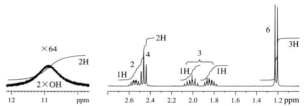

赤外スペクトル

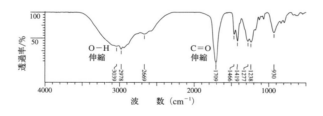

^{13}C-DEPT NMR (75.5 MHz)

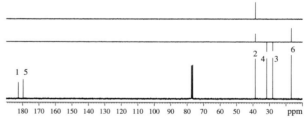

問題 8・17 の解答

ビシクロ[2.2.1]ヘプタ-2,5-ジエン
(ノルボルナジエン) (C₇H₈, 分子量 92)

MS では分子イオンピーク M が m/z 92 (CI では m/z 93 に [M+1]) にある. IR では C-H 伸縮が 2962 と 3055 cm⁻¹ にあるが, 他に特徴的なピークはない*. ¹³C ではシグナルが 3 本 (CH₂×1, CH×2) あり, 炭素は 3 個以上, 水素は 4 個かその倍数 (¹H の積分強度から) である. 1 章付録 A からこれに該当する分子式は C₃H₈O₃, C₆H₄O, C₇H₈ であるが, 他のスペクトルから酸素を含む官能基はありそうにない. また, 炭素と水素の個数の関係が矛盾しないのは C₇H₈ だけである (炭素が 3 個の場合は水素が 4 個のはずであり, 炭素が 6 個の場合は水素が最低 7 個であるので不適である). したがって, 分子式は C₇H₈ (IHD 4) であり, 高い対称性をもつ化合物であることが予想される. NMR ではアルキン領域と芳香族領域にシグナルはないので, この化合物は二重結合と環構造をあわせて 4 個もつ.

¹H では 6.80 ppm (4H, t) に, ¹³C では 143 ppm にシグナルがあり, 芳香族ではなくアルケンのピークであることが予想される. したがって, =CH- の構造が 4 個ある. ¹H では 2.02 ppm (2H, t) に, ¹³C では 50 ppm にシグナルがあり, -CH₂- が 1 個あることがわかる. 残りのピークは CH が 2 個あることを示す. これらの部分構造およびその数, IHD と対称性を考慮すると, 可能な構造はビシクロ環をもつビシクロ[2.2.1]ヘプタ-2,5-ジエン (ノルボルナジエン) となる.

MS における m/z 91 の [M-1] にある強いピークはトロピリウムイオン (C₇H₇) (1・5・4 節参照), m/z 66 の基準ピークはシクロペンタジエン (C₅H₆) によるものである.

質量スペクトル

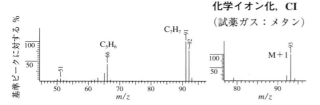

¹H NMR (300 MHz)

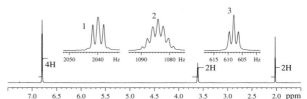

赤外スペクトル

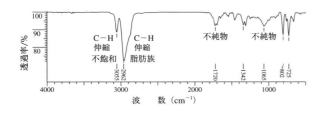

¹³C-DEPT NMR (75.5 MHz)

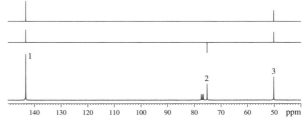

---

* IR において 1720 cm⁻¹ と 1065 cm⁻¹ 付近の吸収は不純物によるものである.

問題 8・18 の解答

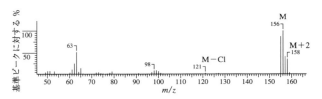

5-クロロ-1,3-ベンゾジオキソール
($C_7H_5ClO_2$, 分子量 156)

MS では，m/z 156 [M] と 158 [M+2] に約 3:1 の強度比の2本のピークがあり，塩素原子を1個含むことを示す．分子式から Cl を差引くと，156−35=121 になる．**IR** では，芳香環 C≂C 伸縮（1473 cm^{-1}）と C−O 伸縮（1234, 1041 cm^{-1}）が見られる．^{13}C ではシグナルが7本（CH$_2$×1, CH×3, C×3）あり，炭素は7個以上，水素は5個（^{1}H の積分強度から）含まれる．1章付録 A から分子量 121 に該当するのは $C_7H_5O_2$ であり，分子式は $C_7H_5ClO_2$（IHD 5）となる．ベンゼン環が1個あるとすると，スペクトルには C=C や C=O 基の吸収やシグナルはないので，環構造が1個あることが考えられる．

^{13}C の芳香族領域にはシグナルが6本あり（102 ppm の CH$_2$ は芳香族炭素のシグナルではない），CH が3本，C が3本であるので三置換ベンゼンである．^{1}H の芳香族領域には3種類のシグナルがあり，高周波数から 1H（d, J= 1 Hz），1H（dd, J=1 および 8 Hz），1H（d, J=8 Hz）である．これは 1,2,4-三置換ベンゼンのパターンに一致する．^{1}H の 5.96 ppm（2H, s）のシグナルは ^{13}C の 102 ppm のピークに対応し，高周波数にあるので複数の電気陰性原子に結合している CH$_2$ である．これらの条件を満たすのは，ベンゼン環に Cl と −OCH$_2$O− が置換した構造をもつ 5-クロロ-1,3-ベンゾジオキソール である．

芳香環炭素の ^{13}C 化学シフトを計算すると（酸素置換基は OCH$_3$ で代用），以下のように実測スペクトルにおおむね一致する．（表 4・12 参照）

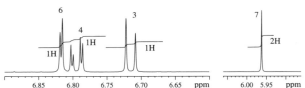

計算値　　　　　実測値

質量スペクトル

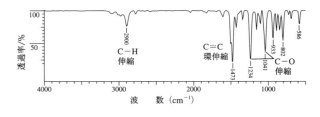

赤外スペクトル

^{1}H NMR（600 MHz）

^{13}C-DEPT NMR（150.9 MHz）

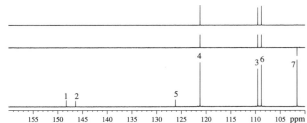

問題 8・19 の解答

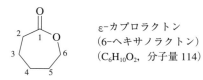

ε-カプロラクトン
(6-ヘキサノラクトン)
($C_6H_{10}O_2$, 分子量 114)

MS では分子イオンピーク [M] が m/z 114 にある。**IR** では，強い C=O 伸縮 (1728 cm^{-1}) と C-O 伸縮 (1165 cm^{-1}) の吸収が特徴的であり，飽和エステルであることが考えられる。^{13}C ではシグナルが 6 本あり，炭素を 6 個以上含むことを考慮すると，エステルとして可能な分子式は 1 章付録 A から $C_6H_{10}O_2$（IHD 2）となる。**IR** および ^{1}H，^{13}C では C=O 以外の多重結合の存在は確認できないので，環構造を 1 個もつことが予想できる。

^{13}**C-DEPT** では，C=O 領域 (174 ppm) に 1 本 (C×1)，脂肪族領域に 5 本 (CH$_2$×5) のシグナルがある。この時点で，部分構造はエステルの -COO- および 5 個の -CH$_2$- となり，これらを組合わせると可能な構造は環状エステル（ラクトン）の ε-カプロラクトンだけである。^{13}C では，酸素に結合した C6 のシグナル (64 ppm) が他のものより高周波数に現れている。^{1}H では，高周波数側から 4.0 ppm (2H, t)，2.3 ppm (2H, t) のシグナルがあり，それぞれ O と C=O に結合している CH$_2$ によるものである。その他の 6H 分のシグナルは 1.3〜1.7 ppm に多重線として現れている。

COSY では，H6-H5（H5 と H3 は重なっているが，H5 の方が少し低周波数である）の相関があり，隣接した CH$_2$ であることがわかる。さらに交差ピークをたどると H6-H5-H4-H3-H2 となり，連結関係が確認できる。また，**HETCOR** を見ると，H2〜H6 はそれぞれ C2〜C6 に相関していることがわかる。したがって，^{13}C のシグナルは低周波数側から C3, C4, C5, C2, C6 となる。

質量スペクトル

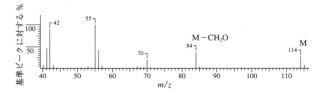

赤外スペクトル

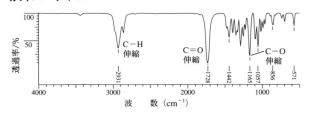

^{1}**H NMR** (300 MHz)

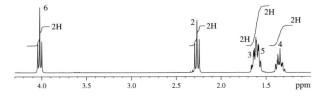

^{13}**C-DEPT NMR** (75.5 MHz)

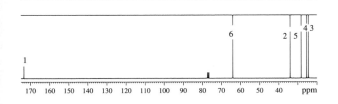

COSY (300 MHz)

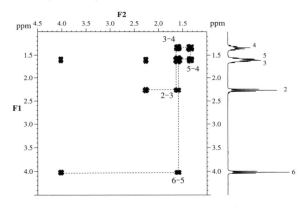

HETCOR (75.5 MHz)

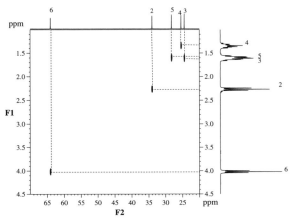

問題 8・20 の解答

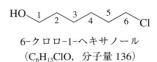

6-クロロ-1-ヘキサノール
($C_6H_{13}ClO$, 分子量 136)

分子イオンピークは **MS (EI)** には見られないが，**MS (CI)** では m/z 137 と 139 にある．m/z 137 が [M+1] のピークであり，分子量は 136 と予想される．また，m/z 137 と 139 の強度比は 3：1 であり，これは 1 個の塩素を含む場合に典型的なパターンである．**IR** には幅広い O–H 伸縮（3332 cm^{-1}）と C–O 伸縮（1057 cm^{-1}）があり，これらの吸収は第一級アルコールに特徴的である．**MS (EI)** で分子イオンピークが出にくいことも，アルコールであることを支持する．分子量が 136 で，塩素を 1 個および炭素を 6 個以上（^{13}C のシグナル数から）含むことを考慮すると，1 章付録 A から分子式は $C_6H_{13}ClO$（IHD 0）となる．したがって，塩素の置換した鎖状のアルコールである．

^{13}**C-DEPT** には 6 本のシグナル（CH$_2$×5）があり，高周波数にある 62 ppm のシグナルは酸素に結合した炭素，45 ppm のシグナルは Cl に結合した炭素によるものである．^{1}H では 3.5 ppm 付近に二つの t（2H）があり，化学シフトと多重度から O または Cl に結合した CH$_2$ である．低周波数側には四つの多重線があり，いずれも 2H 分である．残りの幅広いシグナルは OH によるものである．部分構造 –Cl, –CH$_2$–×6, OH を組合わせると，全体の構造は 6-クロロ-1-ヘキサノールとなる．

COSY において，3.6 ppm の H1 のシグナルから相関をたどっていくと，連結関係は H1-H2-H3-H4-H5-H6 となる．**HMQC** から，H1〜H6 はそれぞれ C1〜C6 に結合している．C2 と C5 のシグナルは接近しているが，拡大図からどちらの多重線と相関しているかがわかる．

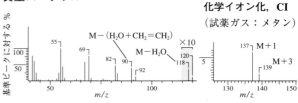

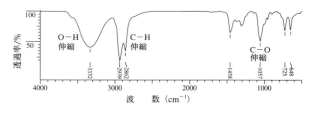

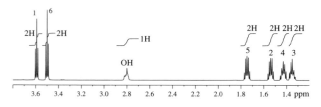

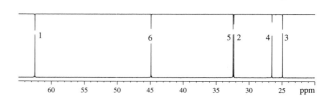

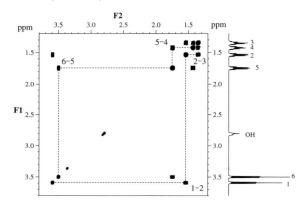

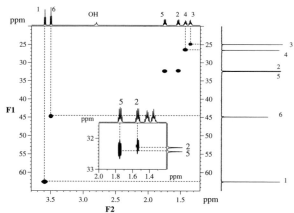

問題 8・21 の解答

6-メチル-5-ヘプテン-2-オール
($C_8H_{16}O$, 分子量 128)

MS では分子イオンピーク [M] は m/z 128 にある. M−33 の基準ピーク (m/z 95) は, [M−(CH_3+OH)] のフラグメントイオンと帰属できる. IR では, 幅広い O−H 伸縮 (3344 cm^{-1}) と C−O 伸縮 (1126 cm^{-1}) があり, 第二級アルコールに特徴的である. ^{13}C のシグナル数から炭素は 8 個以上含まれるので, 酸素の存在も考慮すると, 1 章付録 A から分子式は $C_8H_{16}O$ (IHD 1) となる.

^{13}C-DEPT には 8 本のシグナル (CH_3×3, CH_2×2, CH×2, C×1) があり, そのうち 2 本 (CH と C 各 1 本) はアルケン領域にある. IHD は 1 であるので, この時点で C=C 結合をもつ鎖状アルコールであることがわかる. ^1H では, 5.1 ppm (1H, m) はアルケンの CH であり, 3.8 ppm (1H, 六重線) は酸素に結合した CH であり隣接プロトンは 5 個である. また, メチル基の 3H のシグナルは 3 種類 (H1, H8, H7) あり, 低周波数側からそれぞれ d, s, ほぼ s である. 残されたシグナル H3 と H4 は複雑な多重線である.

COSY の交差ピークを H5 から順次たどると H5-H4-H3-H2-H1 の相関がわかり, H7 と H8 は相関をもたない. HETCOR では, C2 (CH) が H2 と相関しているので, 第二級アルコールの部分構造 −CH_2−CH(OH)−CH_3 がわかる. また, アルケン炭素 C5 は H5 と相関し, C6 はどのプロトンとも相関をもたないことから, アルケン部は (CH_3)$_2$C=CH− の部分構造をもつ. 以上の二つの部分構造と残りの −CH_2− を組合わせると, 全体の構造は 6-メチル-5-ヘプテン-2-オール となる. ^1H において, H7 と H8 の CH_3 の小さく分裂している (または幅広くなっている) のは, アリル位の遠隔カップリング $^4J_{HH}$ のためである. 1.7 ppm 付近の OH のシグナルは幅広く, 隣接の H2 とのカップリングは見られない.

質量スペクトル

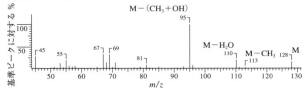

赤外スペクトル

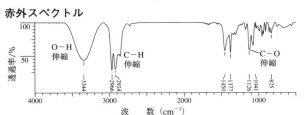

^1H NMR (300 MHz)

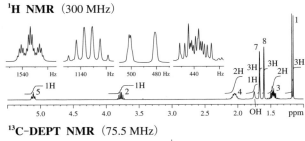

^{13}C-DEPT NMR (75.5 MHz)

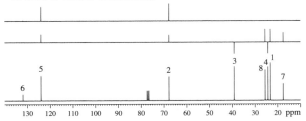

COSY (300 MHz)

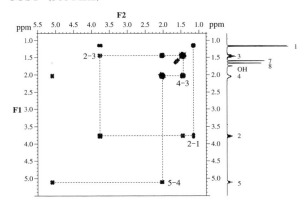

HETCOR (75.5 MHz)

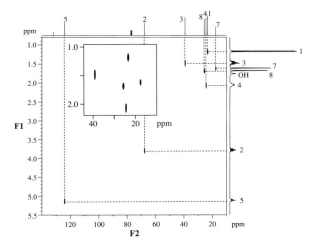

問題 8・22 の解答

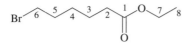

6-ブロモヘキサン酸エチル（$C_8H_{15}BrO_2$, 分子量 222）

MS（CI） には m/z 223 [M+1] と 225 [M+3] にほぼ強度の等しい 2 本のピークがあり，臭素原子を 1 個含むことを示す．**MS（EI）** における m/z 143 のピーク（Br の同位体ピークなし）は，[M−Br] によるものである．**IR** には C=O 伸縮（1736 cm^{-1}）と C−O 伸縮（1188 cm^{-1}）があり，飽和エステルであることが予想される．^{13}C のシグナル数から炭素は 8 個以上含まれるので，1 章付録 A から分子式は $C_8H_{15}BrO_2$（IHD 1）となる．**MS（EI）** における，m/z 223 と 225 のピークは [M−OC$_2$H$_5$]，m/z 88 のピークは [CH$_2$CO$_2$C$_2$H$_5$＋H] によるもので，エチルエステルが予想されるが，NMR から判断する方が確実である．

^{13}C-DEPT には 8 本のシグナル（CH$_3$×1, CH$_2$×6, C×1）があり，これらの水素数を加えると 15 個となり分子式の水素数に一致する．^{1}H には 1.0〜4.0 ppm に 7 種類のシグナルがあり，1.08 ppm の三重線は 3H でそれ以外のシグナルはそれぞれ 2H である．**COSY** において，高周波数の H7 と H3 のシグナルから相関をたどると，H7-H8 と H6-H5-H4-H3-H2 となる．プロトン数および多重度を考慮すると，−CH$_2$CH$_3$ と −(CH$_2$)$_5$− の部分構造の存在がわかる．−Br と −COO− を加えると，すべての部分構造が決定できた．

ここで H2（2.13 ppm），H6（3.22 ppm），H7（3.95 ppm）の ^{1}H シグナルの化学シフトに注目する．X−CH$_2$−Y の化学シフトを 3 章付録表 B・1 から計算すると次のようになる．

X−CH$_2$−OCOR 4.18 ppm，X−CH$_2$−CO$_2$R 2.37 ppm
X−CH$_2$−Br 3.24 ppm

（X は CH$_3$ のパラメーターを利用）

これらを比較すると，H7 は O の α 炭素に，H6 は Br の α 炭素に，H2 はカルボニル炭素に結合していることが予想される．このことから，構造は 6-ブロモヘキサン酸エチルとなる．これで ^{1}H がすべて帰属できたので，**HETCOR** の相関から ^{13}C も帰属することができる．173 ppm の C1 のシグナルはカルボニル炭素，C7 は O に結合した炭素によるものである．

質量スペクトル　化学イオン化，CI（試薬ガス：メタン）

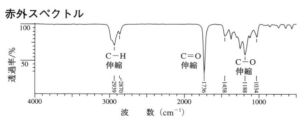

赤外スペクトル

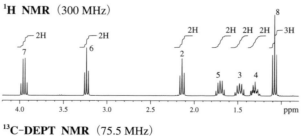

^{1}H NMR（300 MHz）

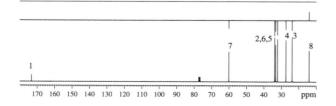

^{13}C-DEPT NMR（75.5 MHz）

COSY（300 MHz）

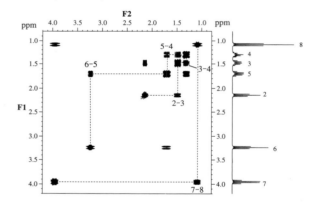

HETCOR（75.5 MHz）

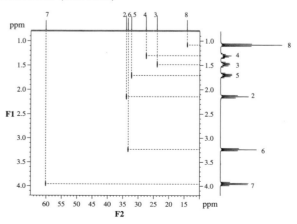

問題 8・23 の解答

$$\underset{1}{\text{O}}\underset{5}{\text{CH}_2}\underset{6}{\text{CH}}=\underset{7}{\text{CH}_2}$$ — フェニル環(位置 2, 3, 4)

アリルフェニルエーテル（$C_9H_{10}O$，分子量 134）

MS では，分子イオンピーク[M]は m/z 134 にある．**IR** では，芳香環 C≕C 伸縮（1601, 1496 cm^{-1}）と C—O 伸縮（1242 cm^{-1}）が特徴的である．^{13}**C-DEPT** には 7 本のシグナル（CH$_2$×2，CH×4，C×1）があり，炭素は 7 個以上含まれる．また，^{1}H の積分比から水素は 10 個含まれる．酸素の存在も考慮すると，1 章付録 A から分子式は $C_9H_{10}O$（IHD 5）となる．ベンゼン環があると仮定すると，それ以外に 1 個の環構造または 1 個の二重結合の存在が予想される．

^{1}**H** では，芳香族領域に H2(2H, d)，H4(1H, t)，H3(2H, t) の 3 種類のシグナルがあり，水素数とカップリングから一置換ベンゼンである．^{13}C の芳香族領域にはアルケンのシグナルも現れるため，一置換ベンゼンであることを判断するのは難しい．^{1}H のアルケン領域には複雑に分裂した 3 種類のシグナルがあり，ビニル基 —CH=CH$_2$ の存在を支持する．4.58 ppm の H5(2H) のシグナルは，電気陰性度の大きい O に結合した CH$_2$ のものであり，二重線がさらに小さく三重線に分裂しているので，ビニル基に直接結合している．以上のことから，この化合物は C_6H_5—，—O—CH$_2$—CH=CH$_2$ の部分構造をもち，全体の構造は<mark>アリルフェニルエーテル</mark>となる．

フェニル基のシグナルを帰属する．^{1}H における芳香族シグナル H2, H3, H4 は，積分値，多重度および化学シフト（3 章付録図 D・1 参照）からそれぞれ置換基のオルト，メタ，パラ位プロトンのシグナルである．酸素置換基のオルトとパラのシグナルが低周波数にシフトしている．**HMQC** から，H2～H4 はそれぞれ C2～C4 に結合していることがわかる．芳香族炭素 C1～C4 のシグナルは，化学シフトの計算値（表 4・12 参照）から帰属することもできる．

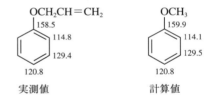

実測値　　　計算値

最後にアリル基のシグナルを帰属する．**HMQC** から，H7 と H7' は同じ炭素 C7 に結合した =CH$_2$ のシグナルで

質量スペクトル

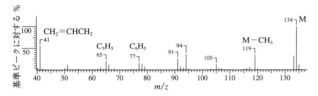

赤外スペクトル

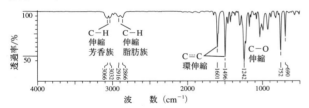

^{1}H NMR（600 MHz）

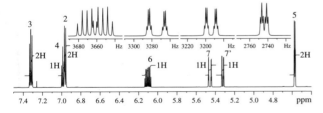

^{13}C-DEPT NMR（150.9 MHz）

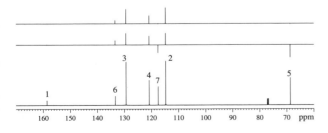

HMQC（600 MHz）

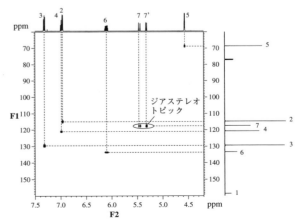

あることがわかる．大きく分裂した H7（J=18 Hz）が H6 とトランス，小さく分裂（J=11 Hz）した H7' が H6 とシスの関係にある（3 章付録 F 参照）．H7 と H7' の各シグナルがさらに四重線に分裂しているのは，ジェミナルカップリング（$^2J_{H7-H7'}$）と CH₂ とのアリルカップリング（$^4J_{H7-H5}$ と $^4J_{H7'-H5}$）によるもので，カップリング定数はいずれも 1～2 Hz である．アリルカップリングの存在は，**COSY** からも確認することができる．H6 のシグナルは H7，H7'，H5 とのカップリングにより非常に複雑である（2 種類のアリルのカップリング定数が等しいとすれば，原理的には 2×2×3＝12 本）．

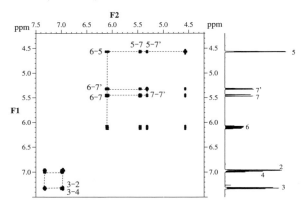
COSY（600 MHz）

問題 8・24 の解答

ボルネオール（$C_{10}H_{18}O$，分子量 154）

質量スペクトル

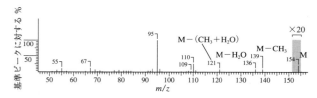

赤外スペクトル

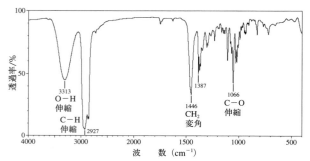

（ヌジョールで測定．C-H 伸縮と CH₂ 変角では，化合物とヌジョールの吸収が重なっている．）
出典：SDBSWeb：http://sdbs.db.aist.go.jp（National Institute of Advanced Industrial Science and Technology，2017 年 8 月）

MS では非常に弱い分子イオンピーク [M] が m/z 154 にある．**¹³C-DEPT** では 10 本のシグナル（CH₃×3，CH₂×3，CH×2，C×2）があり，炭素は 10 個以上，炭素に結合した水素は 17 個以上あることがわかる．1 章付録 A から可能な分子式は $C_{10}H_{18}O$（IHD 3）となる．したがって，**¹³C** のシグナルはすべて炭素 1 個分によるものである．NMR のアルケン領域にシグナルがないことから，環構造を 2 個もつはずである．本問では **IR** が与えられていないが，実際のスペクトルでは 3300 cm⁻¹ 付近に幅広い O-H 伸縮が，1066 cm⁻¹ に C-O 伸縮の吸収が見られる（左下図参照）．

¹H では，0.8 ppm 付近に 3H の一重線が 3 本あり，第四

¹H NMR（600 MHz）

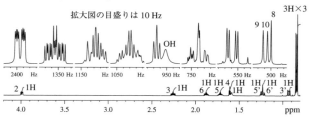

¹³C-DEPT NMR（150.9 MHz）

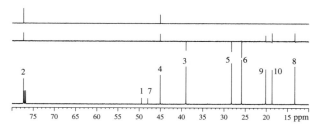

級炭素に結合したメチル基が 3 個含まれることを示す．^{13}C から第四級炭素は 2 個しかないので，$(CH_3)_2C$ と CH_3C の部分構造があるはずである．メチル基以外の ^1H シグナルは非常に複雑であり，0.9〜4.0 ppm の範囲に 1H のシグナルが 9 種類ある．したがって，C3，C5，C6 に結合したそれぞれの CH_2 プロトンはすべてジアステレオトピックであり異なる化学シフトをもつ（これ以降，低周波側の ^1H シグナルに ' をつけて区別する）．これは **HMQC** の相関からも確かめることができる．1.6 ppm 付近の幅広い一重線は OH のシグナルと予想され，4.0 ppm の高周波数の H2 は O に結合した CH によるものである．

H5' と H6' の化学シフトは非常に近いので，相関の対応が必ずしも正確ではない．H2-H6' 間と H3-H5 間の点線は弱い相関を示し，遠隔カップリング $^4J_{HH}$（3・14 節参照）によるものと予想される．環構造をもつ化合物では，H–C–C–H の二面角が固定されているので，$^3J_{HH}$ が非常に小さいこともある（カープラスの式，3・13 節参照）．たとえば，H4 から H3，H5 への相関はあるが，H3'，H5' への相関がないことは，この理由による．また，構造上の一定の条件を満たせば，遠隔カップリング $^4J_{HH}$ が観測されることもある．

HMQC から H2〜H6 が結合している炭素はそれぞれ C2〜C6 であることがわかり，^{13}**C-DEPT** が示す結合水素数を考慮に入れると，以下の部分構造が決まる．ただし，q は第四級炭素を示し，いずれかの第四級炭素は重複している．H2 と H6' の間に遠隔カップリング $^4J_{HH}$ があることは，C2 と C6 の間に第四級炭素が 1 個あることを示す．

HMQC（600 MHz）

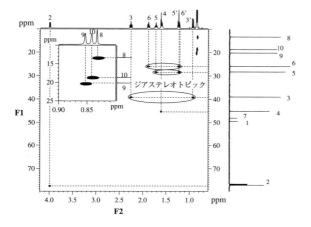

COSY において，最も高周波数の H2 のシグナルから交差ピークをたどると，以下の相関が明らかになる．ここで，

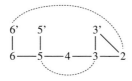

COSY（600 MHz）

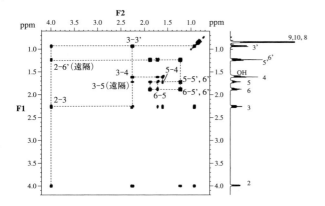

この組合わせで可能な構造は，[2.2.1] ビシクロヘプタン骨格をもつ<u>ボルネオール</u>である．キラル中心が複数あるため，C3，C5，C6 の CH_2 はジアステレオトピックであり，C7 に結合した 2 個のメチル基も同様である．環状の構造から，複雑に分裂した ^1H シグナルをある程度解釈することが可能である．H2 のシグナルは ddd であり，ねじれ角が約 0° の H3 と大きく分裂（J = 約 10 Hz）し，ねじれ角が約 120° の H3' と小さく分裂（J = 約 4 Hz）し，さらに H6' と遠隔カップリング（J = 約 2 Hz）している．H3 のシグナルは dddd であり，H2，H3'，H4，H5 と異なるカップリング定数で分裂している．したがって，OH 基は C7 の架橋から遠いエンドの立体配置をもつことに矛盾しない．C9 と C10 の二つのメチル基が，OH 基に近いシンであるか遠いアンチであるかは，これらのスペクトルから決定することはできない．

問題 8・25 の解答

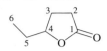

γ-カプロラクトン
(ヘキサノ-4-ラクトン)
($C_6H_{10}O_2$, 分子量 114)

MS では分子イオンピーク [M] が m/z 144 にある. **^{13}C-DEPT** では 6 本のシグナル ($CH_3 \times 1$, $CH_2 \times 3$, $CH \times 1$, $C \times 1$) があり, 炭素は 6 個以上, 水素は 10 個 (^1H の積分強度より) あることがわかる. 1 章付録 A から可能な分子式は $C_6H_{10}O_2$ (IHD 2) となる. **IR** では強い C=O 伸縮 (1774 cm^{-1}), C-O 伸縮 (1180 cm^{-1}) があり, エステルであると思われるが, 一般的なエステルよりも C=O 伸縮が少し高波数にある. NMR のアルケン領域にシグナルはないので, この化合物は C=O のほかに環構造 1 個をもつはずである.

^{13}C における 3 本の CH_2 のシグナルのうち, 27.2 ppm と 28.2 ppm のシグナルには **HMQC** でそれぞれ明らかに二つの交差ピークがあるので, プロトンがジアステレオトピックである. **COSY** では, 高波数側の H4 から H4-(H5, H5')-H6 と H4-(H3, H3')-H2 の相関が読める. さらに, ジアステレオトピックプロトンである H3-H3' および H5-H5' の間にも相関がある. 以上のことから, 次の部分構造があることがわかる.

$$\underset{6}{CH_3}-\underset{5,5'}{CH_2}-\underset{4}{CH}-\underset{3,3'}{CH_2}-\underset{2}{CH_2}$$

分子式からこの部分構造分を差引くと CO_2 であり, C2 と C4 が $-COO-$ で連結されている. C4 と H4 の化学シフトは酸素に結合した CH の領域にあることから, 構造は環状ラクトンの γ-カプロラクトン (ヘキサノ-4-ラクトン) となる. IR の C=O 伸縮が高波数側にあることも, 環状構造をもつことを支持する (2・6・15・1 項参照).

C4 がキラル中心であるため, C5, C3, C2 に結合したメチレンプロトンはジアステレオトピックである. C2 はキラル中心から離れているため, ジアステレオトピックプロトンの化学シフトはほとんど同じである. また, 環状構造をもっているため, シスとトランスの関係にあるプロトンの $^3J_{HH}$ が異なる. そのため, COSY では隣接しても相関の強さが異なる場合 (H4-H3 は強く, H4-H3' は弱いなど) がある. MS における m/z 85 の基準ピークは [M$-C_2H_5$] によるものである.

質量スペクトル

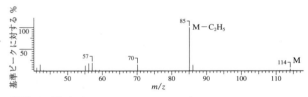

赤外スペクトル

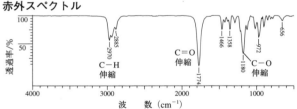

^{1}H NMR (600 MHz)

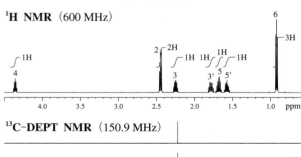

^{13}C-DEPT NMR (150.9 MHz)

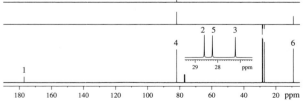

HMQC (600 MHz)

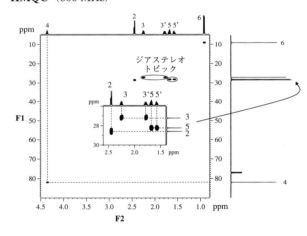

COSY (600 MHz)

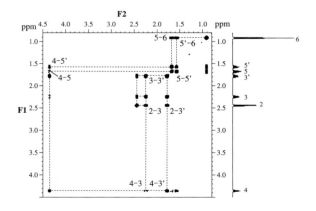

問題 8・26 の解答

カンファー ($C_{10}H_{16}O$, 分子量 397)

MS では分子イオンピーク [M] が m/z 152 にある. ^{13}C-**DEPT** では 10 本のシグナル ($CH_3 \times 3$, $CH_2 \times 3$, $CH \times 1$, $C \times 3$) があり, 炭素は 10 個以上, 水素は 16 個 (^{1}H の積分強度より) あることがわかる. 1 章付録 A から可能な分子式は $C_{10}H_{16}O$ (IHD 3) となる. **IR** では強い C=O 伸縮 (1743 cm^{-1}) の吸収があり, 共役していないケトンの存在を示す. NMR 中には芳香族, アルケン, アルキンのシグナルはなく, C=O の ^{13}C シグナルが 1 本ある. したがって, 環構造を 2 個もつことになる.

INADEQUATE では, カルボニル炭素 C2 は C1 と C3 (または C4) に相関をもち, C1 は C6 と C10 に相関をもつ. 同様に相関をたどると, 以下の連結関係が読み取れる. C3 と C4 のシグナルは接近しているので, 破線部の相関は他のスペクトルで確認が必要である.

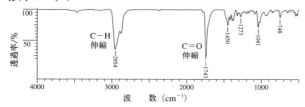

^{1}H では, 0.8～1.0 ppm の範囲に 3 本の (3H, s) のシグナルがあり, 第四級炭素に結合したメチル基が 3 個あることを示す. **HMQC** において, 1.3～2.4 ppm の複雑な 7 種類の ^{1}H シグナル (各 1H 分) と ^{13}C シグナルの対応を見ると, C5, C6, C3 (C4 のシグナルと近く多少わかりにくいが) の CH_2 はそれぞれジアステレオトピックであることがわかる. **COSY** では, 高周波数の H3 から出発すると H3-H4-H5-H6 の相関が見られ, ジアステレオトピックな

質量スペクトル

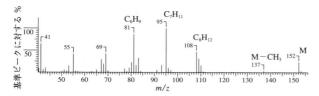

赤外スペクトル

^{13}C-DEPT NMR (150.9 MHz)

^{1}H NMR (600 MHz)

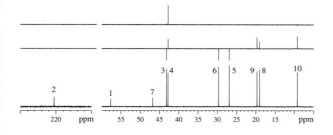

INADEQUATE (150.9 MHz)

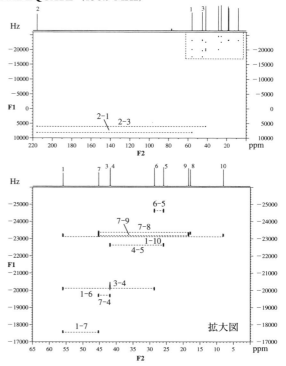

プロトン間 H3-H3′, H5-H5′, H6-H6′ にも相関がある. これらの結果から, 先に示した骨格が正しいことを確かめることができ, この化合物の構造はビシクロ環をもつカンファーである. C3～C6 に結合したプロトンのカップリングの考え方は, 問題 8・24 のボルネオールと類似しているのでここでは省略する. また, C8 と C9 の二つのメチル基がカルボニル基のシンであるかアンチであるかは, 与えられたスペクトルから決定できない.

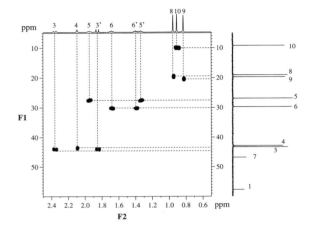

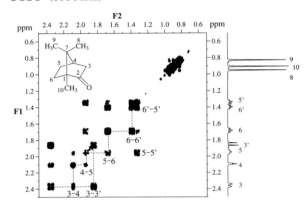

問題 8・27 の解答

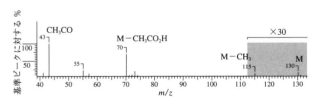

酢酸 2-メチルブチル ($C_7H_{14}O_2$, 分子量 130)

MS では分子イオンピーク [M] が m/z 130 にある. ^{13}C-DEPT では 7 本のシグナル (CH$_3$×3, CH$_2$×2, CH×1, C×1) があり, 炭素は 7 個以上, 水素は 14 個 (^{1}H の積分強度より) あることがわかる. 1 章付録 A から可能な分子式は $C_7H_{14}O$ (IHD 1) となる. IR では強い C=O 伸縮 (1743 cm^{-1}) と C–O 伸縮 (1242 cm^{-1}) の吸収があり,

質量スペクトル

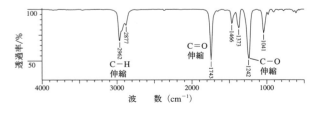

赤外スペクトル

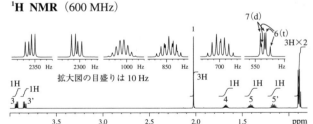

^{1}H NMR (600 MHz)

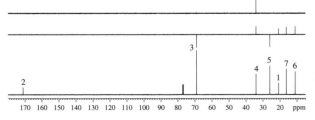

^{13}C-DEPT NMR (150.9 MHz)

^{13}C ではエステル C=O 領域 (171 ppm) にシグナルがあることから,この化合物は C=O 以外に多重結合も環構造ももたないエステルである.

^{1}H には 3 個のメチル基のシグナル 2.02 (3H, s), 0.88 (3H, t), 0.90 (3H, d) ppm があり,多重度から CH$_3$C, CH$_3$CH と CH$_3$CH$_2$ の部分構造があることがわかる.メチル基以外に,各 1H 分の複雑に分裂したシグナルが 5 種類ある.**HMQC** では,C3 と C5 からは 2 個のプロトンの相関があり,ジアステレオトピックな CH$_2$ であることを示す.**COSY** では,H3 から出発して,H3, H3'-H4-H5, H5'-[H6, H7] および H4-[H6, H7] の相関がわかる.H6 と H7 は化学シフトが近いので,どちらへの相関であるか判別しにくい.H3-H3' と H5-H5' の相関も見られる.したがって,−CH$_2$−CH(CH$_3$)−CH$_2$−CH$_3$ の部分関係がわかる.また,C3 と H3, H3' はいずれも高周波数側にあるので,C3 は O に結合していることが予想される.したがって,部分構造は −O−CH$_2$−CH(CH$_3$)−CH$_2$−CH$_3$ となる.C1 の CH$_3$ は他のシグナルと相関していないので,残された原子を考えると CH$_3$CO の部分構造もある.これらの構造を組合せると,化合物は 酢酸 2−メチルブチル となる.2−メチルブチル基の C4 はキラル中心であり,隣接した C3 と C5 の CH$_2$ プロトンはそれぞれジアステレオトピックである.

MS では,m/z 70 は [M−CH$_3$CO$_2$H],基準ピーク m/z 43 は [CH$_3$CO] のイオンに対応し,酢酸エステルの構造と一致する.^{1}H の 3.3〜3.5 ppm のシグナルは C3 のジアステレオトピックな CH$_2$ のシグナルであり,ABX 系の AB 部にあたる.カップリング定数は $J_{\text{H3-H3'}}$ = 約 13 Hz, $J_{\text{H3-H4}}$ = $J_{\text{H3-H4'}}$ = 約 7 Hz である.H5 と H5' のシグナルは,たがいにカップリングするほかに H4 (CH) と H6 (CH$_3$) ともカップリングするため非常に複雑である.

HMQC (600 MHz)

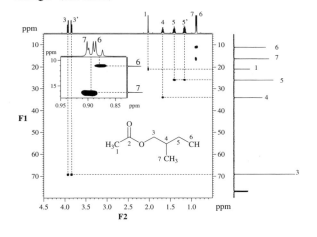

COSY (600 MHz)

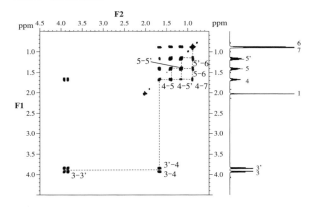

問題 8・28 の解答

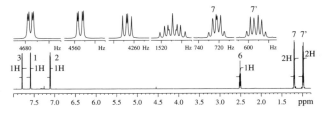

シクロプロピル(チオフェン-2-イル)メタノン
(C_8H_8OS, 分子量 152)

MS では分子イオンピーク［M］が m/z 152 に見られ，［M+2］の m/z 154 に約 5% の強度の同位体ピークがあることから，S を 1 個含んでいる．**IR** では強い C=O 伸縮の吸収が 1651 cm^{-1} にあり，やや低波数であることから共役カルボニル基であると予想される．^{13}**C-DEPT** には炭素のシグナルが 7 本（CH$_2$×1，CH×4，C×2）あり，炭素は 7 個以上，水素は 8 個（^{1}H の積分強度から）含まれる．分子量から硫黄 1 個分を差引くと 120 となり，1 章付録 A からこの分子量に相当するのは C_8H_8O となる．したがって，分子式は C_8H_8OS（IHD 5）である．

^{1}**H** には脂肪族領域に 3 種類の多重線（高周波数から 1H，2H，2H），芳香族領域に 3 種類の 1H，dd がある．**COSY** では，脂肪族領域の H6，H7，H7' 間および芳香族領域の H1，H2，H3 間に相互に相関がある．**HMQC** で特徴的なのは，C7 のシグナルから H7 と H7'（ジアステレオトピック）に二つの相関が見られることである．芳香族領域には炭素 4 個，水素 3 個があり，硫黄を 1 個含む化合物であることから，一置換のチオフェン環の存在が予想される．分子式から C_4H_3S-，C=O を差引くと残りは C_3H_5 となり，これは環構造 1 個か二重結合 1 個をもつ炭化水素基に相当する．スペクトルからアルケンの存在は除外できるので，C_3H_5- は環構造をもつシクロプロピル基である．したがって，以上の部分構造を連結すると，全体の構造はチエニル基とシクロピプピル基が置換したケトンになる．

質量スペクトル

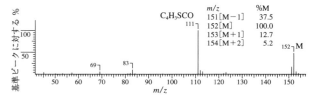

赤外スペクトル

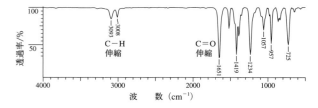

^{13}C-DEPT NMR（150.9 MHz）

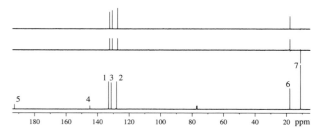

COSY（600 MHz）

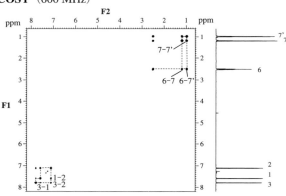

HMQC（600 MHz）

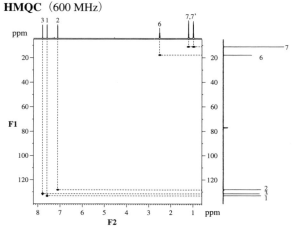

残された問題は，チオフェン環の置換位置である．複素環化合物では，ベンゼンの場合とは異なり，カップリング定数 $^3J_{HH}$ と $^4J_{HH}$ の大きさに明確な差がないことがあるので，注意が必要である．芳香族プロトン（AMX）の化学シフトとカップリング定数は以下の通りである：$\delta_A = 7.80$ ppm, $\delta_M = 7.59$ ppm, $\delta_X = 7.10$ ppm, $J_{AM} = 1.2$ Hz, $J_{AX} = 3.8$ Hz, $J_{BX} = 5.0$ Hz．3 章付録表 D·5 のチオフェンの ^1H 化学シフト，および 3 章付録図 F のチオフェンのカップリング定数を参考にすると，A が H3，M が H1，X が H2 の 2-置換チオフェンであれば実測のシグナルに近い．もし，3-置換チオフェンであれば，3 個の芳香環 ^1H 間のカップリング定数は $J=1.5, 3.4, 5.4$ Hz となり実測値に近くなるが，H2 のシグナルは隣接のカルボニル基の影響で 8.1 ppm 付近の化学シフトをもつはずである．上記のことから，慎重な検討が必要ではあるが，チオフェンの置換基の位置は 2 位であり，シクロプロピル(チオフェン-2-イル)メタノンの構造が決定できる．

シクロプロピル基の複雑な ^1H シグナルは，AA'BB'X 系で説明できる．シクロプロパン誘導体の場合，$^3J_{HH}$ はトランスよりシスの方が大きい（シス：7～13 Hz，トランス：4～9 Hz．3 章付録 F 参照）．H7' は H7 に比べて大きく分裂しているので，H6 に対して H7' がシス，H7 がトランスに帰属できる．これによって，HMQC における C7 のシグナルが H7 と H7' の両方に相関していることが理解できる．MS における基準ピーク m/z 111 は，[C_4H_3SCO] によるものである．

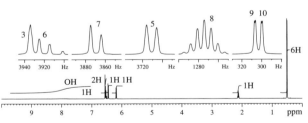

問題 8·29 の解答

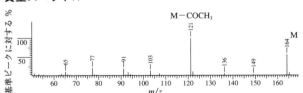

ヒノキチオール（4-イソプロピルトロポロン）
（$C_{10}H_{12}O_2$，分子量 164）

MS では分子イオンピーク [M] が m/z 164 にある．^{13}C-DEPT には 9 本のシグナル（CH$_3$×1, CH×5, C×3）があり，炭素が 9 個以上，水素は 12 個（^1H の積分強度より，O-H の幅広いシグナルを 1H 分とする）あることがわかる．1 章付録 A から可能な分子式は $C_{10}H_{12}O_2$ (IHD 5) となる．IR では，幅広い OH 伸縮（3201 cm^{-1} 付近），芳香環 C≂C 伸縮（1550, 1473 cm^{-1}），C-O 伸縮（1265 cm^{-1}）の吸収がある．また，1612 cm^{-1} の強い吸収がもし C=O 伸縮のものであれば，大きく低波数シフトする理由があるはずである．IR には不明確な点もあるので，参考程度の情報として構造を考えていく．

^1H には，たがいにカップリングした 0.51(6H, d), 2.12

質量スペクトル

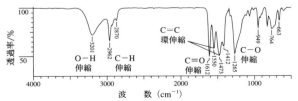

赤外スペクトル

^1H NMR（600 MHz）

^{13}C-DEPT NMR（150.9 MHz）

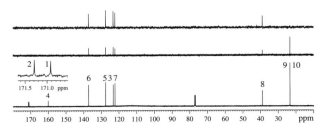

COSY (600 MHz)

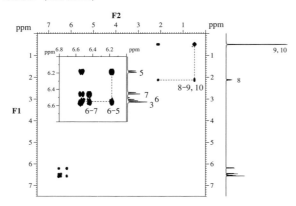

HMQC (600 MHz)

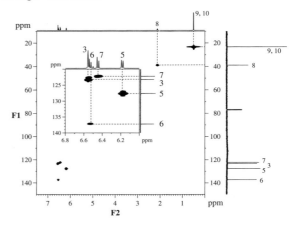

(1H, 七重線) ppm のシグナルがあり，イソプロピル基が1個あることを示す．芳香族領域には，4種類の1H分のシグナル（低波数側から d, d, dd, s）がある．COSY では，H8-H9, H10 および H5-H6-H7 の相関が見られる．^{13}C では，イソプロピル基に対応する C8 と C9, C10 の 2 本のシグナルおよび芳香族領域からカルボニル領域にかけて 7 本のシグナルがある．HMQC から，イソプロピル基および芳香族部の ^{13}C と ^{1}H の相関が明らかになる．

INADEQUATE では，C2 と C1 のピークが接近していることおよびいくつかの疑似ピークがあることに注意が必要であるが，C4-C3-C2-C1-C7-C6-C5-C4 と C4-C8-C9, C10 の炭素間の連結関係が読め，七員環とイソプロピル基の存在がわかる．化学シフトから，環を構成する C1〜C7 は二重結合の炭素かカルボニル炭素である．これまでの情報から，この化合物は C=O，−OH，−CH(CH$_3$)$_2$ および七員環 (C$_7$H$_4$) をもち，七員環は IHD を満たすために 3 個の二重結合をもつはずである．COSY から，環には 3 個の連続したプロトン H5〜H7 と隣接プロトンをもたない H3 があるので，置換位置は 1, 2, 4 位となる．また，IR の C=O 伸縮が低波数であること（2・6・11 節参照），O−H の幅広い ^{1}H シグナルがフェノール性の OH 基としては高周波数にあること（3 章付録 E 参照）から，OH 基は分子内水素結合が可能な位置にあることが予想される．したがって，可能な構造はトロポロン（2,4,6-シクロヘプタトリエノン）骨格をもつ以下の 2 種類である．この化合物は天然物として知られているヒノキチオールであり，下記に示すように 2 種類の構造は分離することのできない互変異性体である．

INADEQUATE (150.9 MHz)

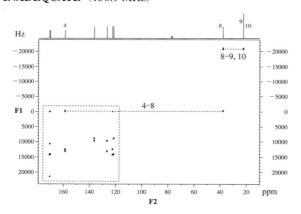

拡大図

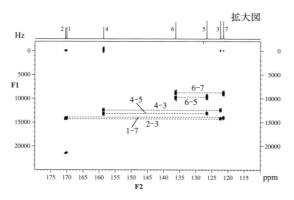

問題 8・30 の解答

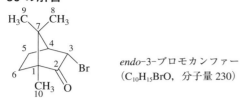

endo-3-ブロモカンファー
($C_{10}H_{15}BrO$, 分子量 230)

この問題に取組むにあたり, 問題 8・24 および 8・26 のスペクトルを思い出してほしい. 特に NMR スペクトルには多くの類似点が見られる. 似たスペクトルをもつ化合物は似た構造をもつという考えは, 有力な手がかりとなる.

MS には m/z 230 [M] と 232 [M+2] にほぼ強度の等しい 2 本のピークがあり, 臭素原子を 1 個含むことを示す. 臭素の同位体ピークがない m/z 151 のピークは [M−Br] に対応する. **IR** では強い C=O 伸縮 (1751 cm^{-1}) の吸収が見られる. ^{13}C-DEPT には 10 本のシグナル ($CH_3 \times 3$, $CH_2 \times 2$, $CH \times 2$, $C \times 3$) があり, 炭素は 10 個以上, 水素は 15 個 (^1H の積分強度より) あることがわかる. 分子式から Br を 1 個分差引くと 151 となり, 1 章付録 A からこの分子量に相当するのは $C_{10}H_{15}O$ となる. したがって, 分子式は $C_{10}H_{15}BrO$ (IHD 3) となる. ^{13}C には C=O 領域に 1 本のシグナルがあり, C=C 領域にシグナルがないことから, C=O 結合 1 個と環構造 2 個をもつことが予想される.

まず **INADEQUATE** から炭素の連結関係を確かめる. C=O 領域にある C2 からは C1 と C3 に相関があり, さらにたどっていくと以下の骨格があることがわかる. ^{13}C-DEPT からわかる結合水素数を考慮すると, 結合が残されているのは C3 だけであり, ここに Br を置換すると構造が完成する.

質量スペクトル

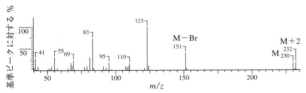

赤外スペクトル

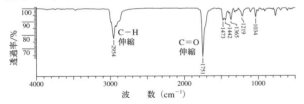

^1H NMR (600 MHz)

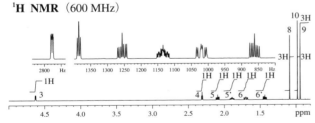

^{13}C-DEPT NMR (150.9 MHz)

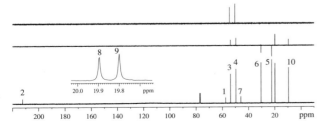

INADEQUATE (150.9 MHz)

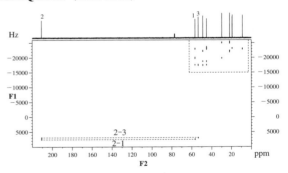

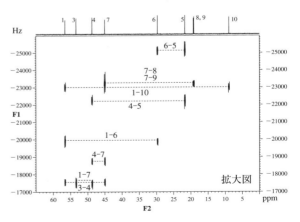

拡大図

COSY（600 MHz）

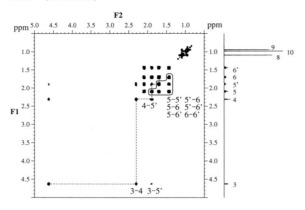

HMQC（600 MHz）

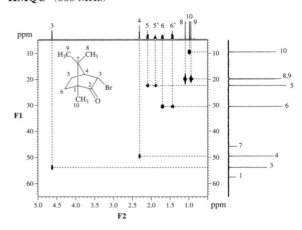

残された問題は，C3のブロモ基がエンドであるかエキソであるかを決定することである．COSYを見ると，H3からH5'に遠隔カップリングによる弱い相関がある．ビシクロ骨格内でH−C−C−C−HがW形の位置関係になるのは，両プロトンがエキソになるときであり，C3の置換基はH3がエキソ，Brがエンドとなる（前ページの構造式（右）参照）．したがって，この化合物は*endo*-3-ブロモカンファーである．IRのC=O伸縮が一般的な飽和ケトンのものより少し高波数シフトしているのは，シクロペンタノンの部分構造をもつことで説明できる（2・6・11節参照）．

HMQCでは，構造から予想されるように，C5とC6からそれぞれジアステレオトピックなCH$_2$への二つの相関が見られる．最後に^{1}Hのシグナルを詳しく解析する．H3はビシクロ環のエキソにあり，$^3J_{H3-H4}$=4 Hz，$^4J_{H3-H5'}$=1.5 Hzで分裂している．H4はJ=約4 Hzのtであり，隣接のエキソプロトンH3とH5'とカップリングしている（H5とのカップリングは無視できるほど小さい）．C5のエンドプロトンH5はddd（J=13, 9, 3 Hz）であり，それぞれH5'，H6'，H6とのカップリングによる．C6のプロトンはH6がエキソ，H6'がエンドである．C8とC9のメチル基がカルボニル基のシンとアンチのどちらであるかは，これらのデータからは帰属できない．

問題 8・31 の解答

1,2-シクロヘキサンジカルボン酸無水物
（C$_8$H$_{10}$O$_3$，分子量 154）

MS（CI）では［M+1］のピークが m/z 155 にある．精密分子質量 m/z 155.0711 の実測値があるので，1 章付録 A からこのイオンの分子式は C$_8$H$_{11}$O$_3$（計算値 155.0708）となり，化合物の分子式は C$_8$H$_{10}$O$_3$（IHD 4）となる．IR には，2 本の強い C=O 伸縮（1859，1790 cm^{-1}）と 2 本の C−O 伸縮（1219，903 cm^{-1}）があり，環状酸無水物の特徴をもつ（2・6・17 節参照）．カルボニル基を 2 個もつとすると，他の多重結合はなさそうであるので，環構造を 2 個もつことが予想される．

質量スペクトル

化学イオン化，CI
（試薬ガス：メタン）

精密分子質量（測定値）
= 155.0711（CI）

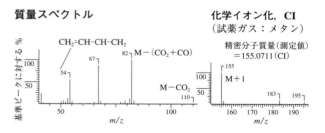

赤外スペクトル

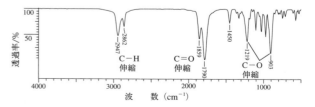

¹H NMR（600 MHz）

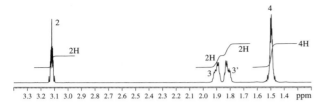

¹³C-DEPT NMR（150.9 MHz）

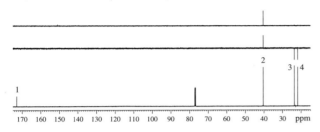

　¹³C-DEPT では 4 本のシグナル（CH₂×2，CH×1，C×1）があり，炭素数が 8 であるので対称性のある構造をもつ．¹H のシグナルはすべて複雑な多重線であり，低周波数側から 1.5 ppm（4H），1.8 ppm（2H），1.9 ppm（2H），3.1 ppm（2H）である．HMQC から，C2(CH) は H2 と，C3(CH₂) は H3 と H3' と，C4(CH₂) は H4 と相関し，¹H の積分強度と比較すると C2〜C4 はそれぞれ炭素 2 個分のシグナルに相当する．これらの構造分の C_6H_{10} を分子式から差引くと C_2O_3 が残り，酸無水物の部分構造と一致する．COSY では，H2-(H3, H3')-H4 および H3-H3' の相関がある．したがって，$CH_2-CH_2-CH-COO$ の部分構造があり，部分構造中の炭素がそれぞれ炭素 2 個分であり，C3 の CH₂ がジアステレオトピックであることから，構造は 1,2-シクロヘキサンジカルボン酸無水物と決定できる．

　シクロヘキサン環に対して酸無水物の置換基がシスに結合すると，C3 と C4 に結合している CH₂ のプロトンはそれぞれジアステレオトピックである（トランス体であるとジアステレオトピックにならないはずである．この構造ではトランス体は非常に不安定であると考えられる）．したがって，この化合物のプロトンは AA'BB'XX'YY'MM' のスピン系であり非常に複雑になる．H3 と H3' のどちらが酸無水物のシスとトランスであるかは，ここでのスペクトルの情報だけからは決定できない．また，C4 に結合したジアステレオトピックなプロトンは，化学シフト差が小さいため重なった多重線として見える．

　MS における基準ピーク m/z 82 はシクロヘキセン C_6H_{10} のイオン［M−(CO₂+CO)］に相当し，このイオンから逆ディールス−アルダー反応によりエチレンが脱離すると m/z 54 の $CH_2=CH-CH=CH_2$ のイオンが生成する．これも化合物がシクロヘキサン環をもつ証拠である．

HMQC（600 MHz）

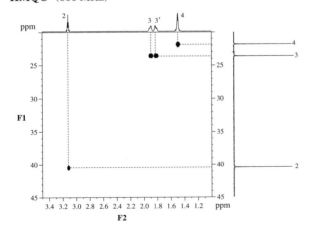

COSY（600 MHz）

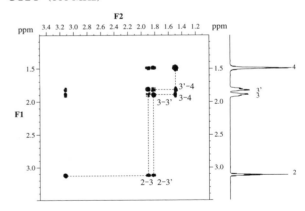

問題 8・32 の解答

1-メトキシ-2-インダノール（$C_{10}H_{12}O_2$，分子量 164）

MS では分子イオンピーク［M］が m/z 164 にある．**^{13}C-DEPT** では 9 本のシグナル（$CH_3\times1$，$CH_2\times1$，$CH\times6$，$C\times2$）があり，炭素は 10 個以上，水素は 12 個（**^{1}H** の積分強度から）あることがわかる．1 章付録 A から可能な分子式は $C_{10}H_{12}O_2$（IHD 5）となる．**IR** では，幅広い O-H 伸縮（3402 cm^{-1}），芳香環 C=C 伸縮（1600，1466 cm^{-1}），C-O 伸縮（1088 cm^{-1}）の吸収が見られる．

^{1}H では，芳香族領域に 4 種類の 1H ずつのシグナルがある．小さいカップリングを無視するとこれらのシグナルの多重度は高周波数側から d, t, t, d であり，オルト二置換ベンゼンの特徴をもつ．3.54 ppm（3H, s）のシグナルは，O に結合した CH_3 基があることを示す．**COSY** では，H1-H2-H3，H3' および H3-H3' の相関があり，芳香族領域にもいくつか相関があるが対応が明確ではない．**HMQC** では，C3 が H3 と H3' と相関していることが特徴的であり，これらのプロトンはジアステレオトピックである．^{1}H の 3.0 ppm の幅広いシグナルには相関がないので，O に結合しているプロトンであると考えられる．ここまでの段階で，C_6H_4（オルト），-CH-CH-CH_2-，OCH_3 と OH の部分構造がわかり，分子式中の原子はすべて割り当てられた．

次に **HMBC** から $^2J_{CH}(\alpha)$ と $^3J_{CH}(\beta)$ の相関を確かめる．H10 から C1 への相関があるので，メトキシ基は C1 に結合している．H8 からは C1 への相関があるので，C1 は H8 のオルト位に置換している可能性が高い．また，H5 か

質量スペクトル

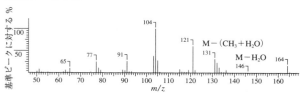

赤外スペクトル

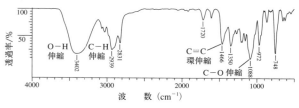

^{1}H NMR（600 MHz）

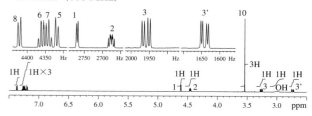

^{13}C-DEPT NMR（150.9 MHz）

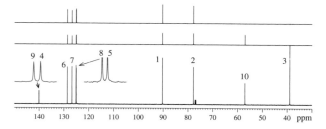

COSY（600 MHz）

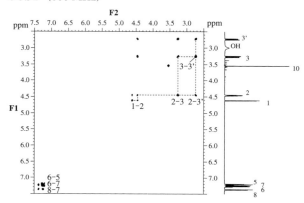

HMQC（600 MHz）

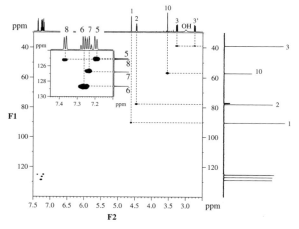

らは C3 への相関があるので，C3 は H5 のオルト位に置換している可能性が高い．これらの条件を加えると，可能な構造は 1-メトキシ-2-インダノールだけとなる．この構造と HMBC の相関には矛盾はないが，α と β でも相関が現れない場合（H2-C3，H5-C6 など）や，4 結合以上を経由した相関が現れる場合（H1-C7，H3'-C6）があるので注意が必要である．OCH$_3$ 基と OH 基はシスまたはトランスの可能性があるが，$^3J_{H1-H2}$＝約 5 Hz の値だけから立体配置を決定することは難しい．この化合物はキラル中心を 2 個もつので，C3 のメチレンプロトンはジアステレオトピックである．

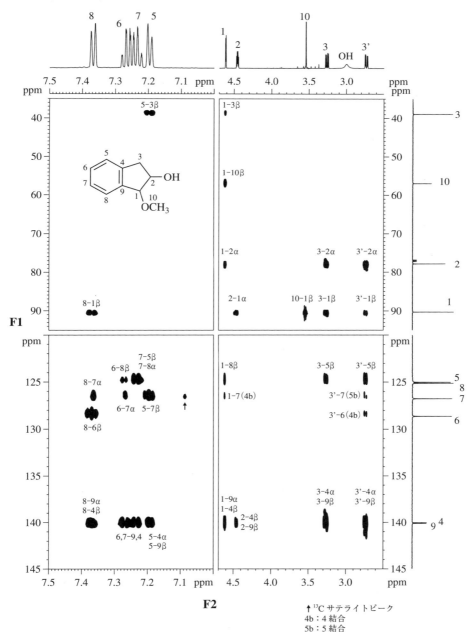
↑ ^{13}C サテライトピーク
4b：4 結合
5b：5 結合

問題 8・33 の解答

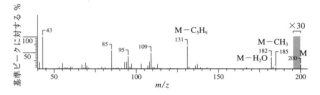

3-ヒドロキシ-3,6-ジメチル-6-ヘプテン酸エチル
($C_{11}H_{20}O_3$, 分子量 200)

MS では分子イオンピーク [M] が m/z 200 にある. **^{13}C-DEPT** では 11 本のシグナル ($CH_3 \times 3$, $CH_2 \times 5$, $C \times 3$) があり, 炭素は 11 個以上, 水素は 20 個 (^1H の積分強度から) あることがわかる. **IR** では, 幅広い OH 伸縮 (3518 cm^{-1}), C=O 伸縮 (1728 cm^{-1}), C–O 伸縮 (1188 cm^{-1}) の吸収があり, この化合物は酸素を少なくとも 2 個含む.

これらの条件を考慮すると, 1 章付録 A から可能な分子式は $C_{11}H_{20}O_3$ (IHD 2) となる.

^{13}C では 173 ppm に C=O 基のシグナルがあり, **IR** の情報も加えるとエステルであることが予想できる. **^{1}H** では 4.70 ppm (2H, d) にアルケンのシグナル H7 があり, **^{13}C** の二重結合領域に 2 本のシグナル (CH_2 と C) があるので C=CH_2 の構造がわかる. したがって, これら以外には多重結合も環構造もない.

COSY では, H9 [4.19 ppm (2H, q)] と H10 [1.28 ppm (3H, t)] の間に相関があり, H9 の化学シフトが大きいことから, 酸素に結合したエチル基の存在を示す. **HMBC** では H9 からカルボニル炭素 C1(β) の相関があることから, エチルエステル $-CO_2CH_2CH_3$ の部分構造がわかる. H8 と H11 のメチル基のシグナルは両方とも一重線であり, 第四級炭素に結合している. また, アルケンプロトン H7 からは H5 と H8 に相関があり, アリル位の遠隔カップリングによるものである. その結果, H8 のメチル基のシグナルは分裂していないが少し幅広くなっている. H4-H5 の相関は連続したメチレン基 $-CH_2CH_2-$ の存在を示す. 2.5 ppm 付近 2H のシグナルは AB 四重線であり, **HMQC** ではいずれも C2 と相関していることからジアステレオトピックな CH_2 である. ^{1}H の 3.58 ppm のシグナルはどの C とも相関していないので, OH によるものである.

以上のことから, 部分構造は次のとおりである.

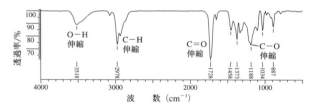

質量スペクトル

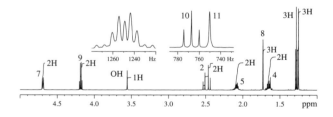

赤外スペクトル

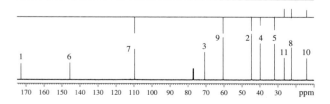

C2 の $-CH_2-$ は 2 個の第四級炭素に結合していることから, 可能な構造は <mark>3-ヒドロキシ-3,6-ジメチル-6-ヘプテン酸エチル</mark> だけである. C3 がキラル中心であるため, C2, C4, C5 の CH_2 はジアステレオトピックである. C2 の CH_2 は明らかに異なる化学シフトをもち, AB 四重線を示す. C4 と C5 の CH_2 の場合, 化学シフト差は小さく, それぞれ非常に複雑なシグナルを示す.

この冒頭に示した構造が妥当であるかどうか, **HMBC** で確認する. H7-C8(β) と H7-C5(β) の相関は, ^{1}H の遠隔カップリングで確認したとおり, C8 と C5 がアルケン炭素 C6 に結合していることを示す. H2 からは C3(α), C4(β), C1(α), C11(β) に相関があり, 第四級炭素 C3 を経由して C2 と C4 の CH_2 があることを示す. また, **HMBC** では OH の H からの相関が見られる. この相関を見ると, OH は C11(β), C4(β), C2(β), C3(α) の近くにあることがわかる. これらの相関は冒頭の構造と矛盾しない.

8章演習問題の解答

COSY（600 MHz）

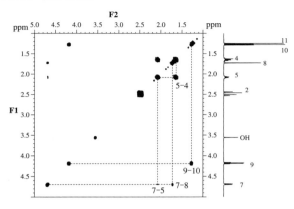

HMQC（600 MHz）

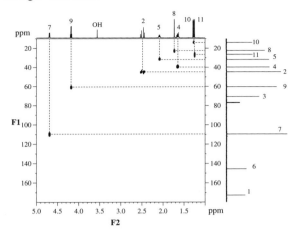

HMBC（600 MHz）

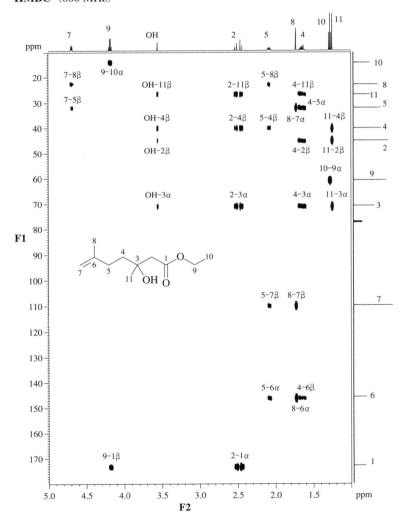

問題 8・34 の解答

1-(4-ヒドロキシフェニル)-1-ペンタノン
($C_{11}H_{14}O_2$, 分子量 178)

MS では分子イオンピーク [M] が m/z 178 にある. **^{13}C-DEPT** には 9 本のシグナル (CH$_3$×1, CH$_2$×3, CH×2, C×3) があり, 炭素は 9 個以上, 水素は 14 個 (^{1}H の積分強度から) あることがわかる. **IR** では, 幅広い OH 伸縮 (3325 cm^{-1}), C=O 伸縮 (1658 cm^{-1}), C-O 伸縮 (1211~1281 cm^{-1}), 芳香環 C=C 伸縮 (1597 cm^{-1}) の吸収があり, この化合物は酸素を少なくとも 2 個含む. 以上のことから, 1 章付録 A 中で該当する分子式は $C_{11}H_{14}O_2$ (IHD 5) である. C=O 二重結合があるので, あとはベンゼン環が 1 個あるとすれば IHD の値が説明できる.

^{1}H の脂肪族領域には, 低周波数から 3H(t), 2H(m), 2H(m), 2H(t) があり, **COSY** では H9-H8-H7-H6 の相関があるので, CH$_3$CH$_2$CH$_2$CH$_2$- の部分構造がある. ^{1}H の芳香族領域には各 2H 分の AX 二重線があり (理由は不明であるが H3 のシグナルはやや歪んでいる), ^{13}C の C=C 領域には 4 本のシグナル (CH×2, C×2) があることから, 異種パラ二置換ベンゼンである. 6.7 ppm 付近の幅広いプロトンシグナルは OH によるもので, **HMQC** ではどの炭素シグナルとも相関していない. 化学シフト (3 章付録 E 参照) からアルコールではなくフェノールであることが予想される. 以上のことから, 部分構造は,

HO-C$_6$H$_4$-(パラ), C=O, CH$_3$CH$_2$CH$_2$CH$_2$-

であり, これらを組合わせると可能な構造は 1-(4-ヒドロキシフェニル)-1-ペンタノン となる.

構造を確かめるためにベンゼン環の ^{1}H と ^{13}C の化学シフトを計算して比較すると, 実測値と計算値はよく一致している (3 章付録図 D・1, 表 4・12 参照). なお, 計算では -CO(CH$_2$)$_3$CH$_3$ の代わりに -COCH$_3$ のパラメーターを用いた.

質量スペクトル

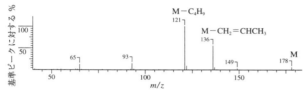

赤外スペクトル

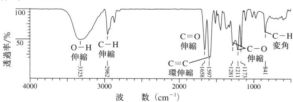

^{1}H NMR (600 MHz)

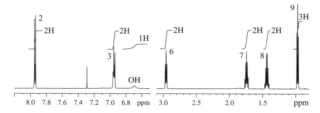

^{13}C-DEPT NMR (150.9 MHz)

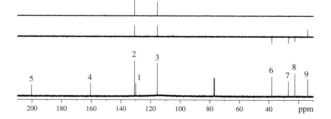

MS における m/z 121 の基準ピークは [M-C$_4$H$_9$] のものであり, ブチル基の存在を支持する. **IR** の C=O 伸縮 (1658 cm^{-1}) はやや低波数側にあり, 共役ケトンであることを示す. C-H 変角 (841 cm^{-1}) はベンゼンのパラ置換体に特有であるが, この置換様式は NMR から結論したほうが確実である. **HMBC** を用いなくても構造は決定できたが, いくつか鍵となる相関を見ていく. カルボニル炭素 C5 からは, H2(β), H6(α), H7(β) への相関があり, H6 の CH$_2$ とベンゼン環の間にカルボニル基があることがわかる.

8章演習問題の解答

COSY(600 MHz)

HMQC(600 MHz)

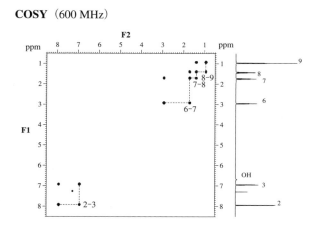

HMBC(600 MHz)

↑ ^{13}C サテライトピーク

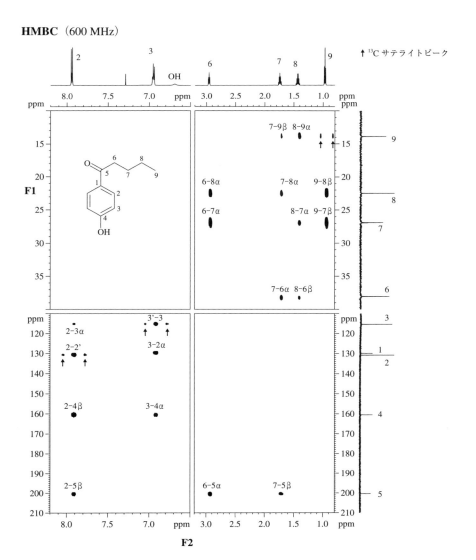

問題 8・35 の解答

2-[(1R,2S)-1-メチル-2-(プロパン-1-エン-2-イル)シクロブチル]酢酸（$C_{10}H_{16}O_2$，分子量 168）

MS では分子イオンピーク [M] が m/z 168 にある．^{13}C-DEPT では 10 本のシグナル（$CH_3 \times 2$，$CH_2 \times 4$，$CH \times 1$，$C \times 3$）があり，炭素は 10 個以上，水素は 16 個（^{1}H の積分強度から，幅広いシグナルを 1H 分とする）あることがわかる．**IR** では，非常に幅広い OH 伸縮（2500〜3300 cm^{-1}）と強い C=O 伸縮（1705 cm^{-1}）の吸収があり，カルボン酸であることが予想される．以上のことから，1 章付録 A で該当する分子式は $C_{10}H_{16}O_2$（IHD 3）である．

したがって，C=O 以外に IHD 2 に相当する多重結合か環構造がある．

^{1}H における 12 ppm 付近の幅広いシグナル，^{13}C の 180 ppm のシグナルはカルボン酸の存在を示す．また，^{1}H の 4.67, 4.88 ppm には各 1H 分のシグナル H9, H9' が見られ，^{13}C の C=C 領域には 2 本のシグナル C2(C), C9(CH$_2$) があることから，アルケン C=CH$_2$ の部分構造が導かれる．^{1}H の脂肪族領域には 2 種類のメチル基のシグナル C1 と C10 があり，いずれも一重線であるので第四級炭素に結合している．**HMQC** では，C4, C5, C7 と C9（いずれも CH$_2$）からそれぞれ二つのプロトンシグナルへの相関があり，これらのメチレンプロトンはジアステレオトピックである．

COSY を見ると，アルケンプロトン間 H9-H9' に相関があるほか，これらのシグナル（隣接の C10 は第四級炭素）は C3 と C1 とも遠隔カップリングにより相関している．このことは，**HMBC** における，H9 から C3(β) と C1(β) への相関とも一致する．したがって，アルケン周辺の部分

質量スペクトル

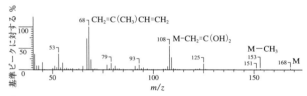

赤外スペクトル

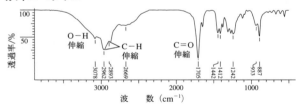

^{1}H NMR（600 MHz）

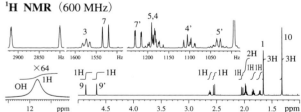

^{13}C-DEPT NMR（150.9 MHz）

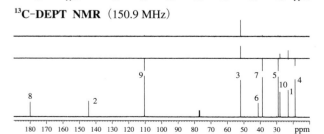

COSY（600 MHz）

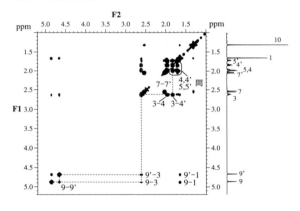

HMQC（600 MHz）

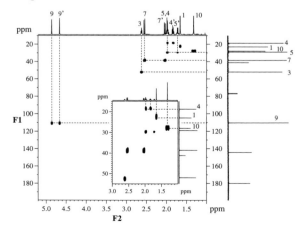

構造は $CH_3-C(CH)=CH_2$ となる．**HMBC** では，H7 と H7' からカルボニル炭素 C8 への相関があり，この CH_2 はカルボキシ基の炭素に結合していることを示す．H10 からは，C5, C7, C6, C3 への相関があり，H10 のメチル基が第四級炭素に結合していることを考慮すると，C6 は α 位，C5, C7, C3 は β 位の炭素である．

ここまでの情報で，次ページの部分構造を組立てることができる．残された炭素は CH_2 が 1 個であり環構造が 1 個残されているので，シクロブタン環をもつ構造となる．分子中にキラル中心が 2 個あるため，CH_2 基のプロトンはジアステレオトピックになる．残された問題は環の置換基の立体化学であるが，スペクトルのデータから推測することは困難である．実際に測定された化合物は，2-[(1*R*,2*S*)-1-メチル-2-(プロパン-1-エン-2-イル)シクロブチル]酢酸であり，1-メチルエテニル基とカルボキシメチル基は環のシスに置換している．スペクトルデータから，この試料

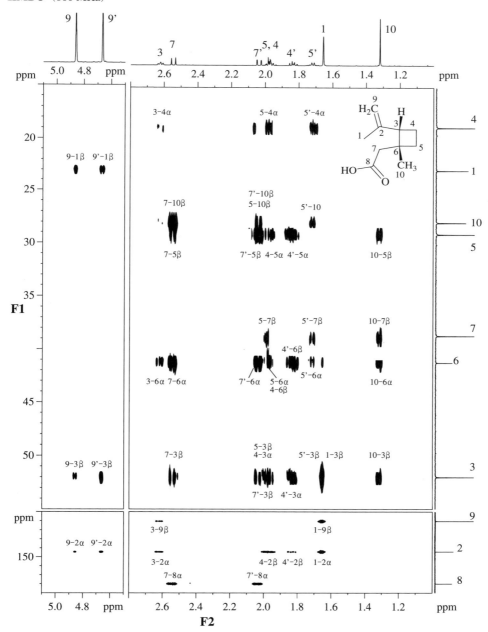

が純粋なエナンチオマーかラセミ体かはわからない．この化合物のラセミ体は，グランジス酸とよばれる昆虫の集合フェロモンである．

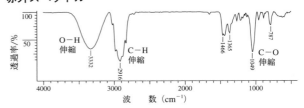

ティー転位による [M−CH$_2$=C(OH)$_2$] によるものである．**COSY** では 1.7〜2.7 ppm の間の多重線間に多数の相関があるが，シグナルの重なりのため読みにくいものがある．**HMBC** では，上述したもののほかにもいくつかの参考になる相関がある．H5, H5' から C4(α) および H4, H4' から C5(α) への相関は，これらの CH$_2$ が隣接していることを示す．また，H3 からは C2(α) と C9(β) への相関があり，二重結合に隣接しているメチンプロトンであることを支持する．

MS における基準ピーク m/z 68 は，開環を伴うフラグメンテーションにより生成する 2-メチル-1,3-ブタジエンによるものである（次式）．m/z 108 のピークは，マクラファ

問題 8・36 の解答

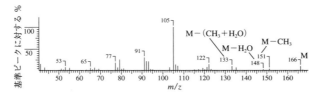

ノポール（6,6-ジメチルビシクロ[3.3.1]ヘプタ-2-エン-2-エタノール）(C$_{11}$H$_{18}$O, 分子量 166)

MS では分子イオンピーク [M] が m/z 166 にある．^{13}**C-DEPT** では 11 本のシグナル（CH$_3$×2, CH$_2$×4, CH×3, C×2）があり，炭素は 11 個以上，水素は 18 個（^{1}H の積分強度から，OH を 1H 分とする）含まれる．**IR** では，幅広い O−H 伸縮（3332 cm^{-1}），C−O 伸縮（1049 cm^{-1}）

赤外スペクトル

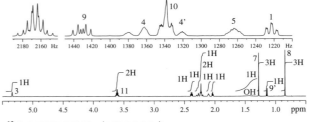

質量スペクトル

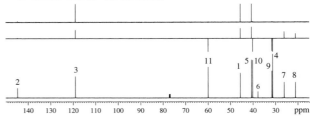

の吸収があり，C=O 伸縮の吸収は見られないので，アルコールであることが予想される．以上のことから，1 章付録 A で該当する分子式は $C_{11}H_{18}O$（IHD 3）である．

^1H ではアルケン領域に ^1H のシグナル H3 が，^{13}C では C=C 領域に 2 本のシグナル C2（C）と C3（CH）があることから，CH=C の構造がある．これらのことをふまえて，**INADEQUATE** から炭素骨格を調べる．たとえば，C2 からは C3, C1, C10 に相関があり，同様に相関をたどると以下の炭素骨格が決まる．ここでは，^{13}C-**DEPT** からわかる炭素の結合水素数と，アルケン二重結合も考慮した．残された原子は OH であり，C11（60 ppm）と H11（3.6 ppm）の化学シフトから C11 に OH 基が結合しているとして妥当である．したがって，この化合物は二環状構造をもつ**ノポール（6,6-ジメチルビシクロ[3.1.1]ヘプタ-2-エン-2-エタノール）**とよばれる天然物である．この構造にはキラル中心が 2 個あるので，C4, C9, C10, C11 のメチレンプロトン，および C6 に結合した 2 個のメチル基はそれぞれジアステレオトピックである．

COSY（600 MHz）

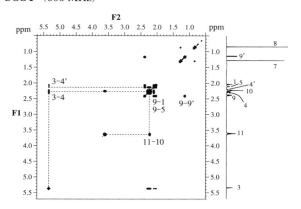

HMQC（600 MHz）

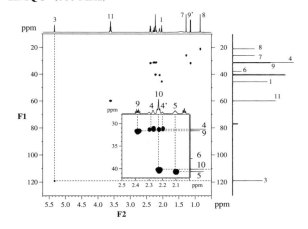

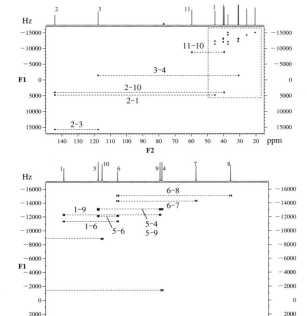

INADEQUATE（150.9 MHz）

MS では，m/z 151 [M－CH_3]，148 [M－H_2O]，133 [M－(CH_3＋H_2O)] のピークがあり，アルコールであることを支持している（1・6・2 節参照）．^1H のジアステレオトピックなシグナルの帰属は容易ではない．H9（2.39 ppm）と H9'（1.13 ppm）の化学シフト差は大きく，AX のシグナルの H9 だけがさらに三重線に分裂している．文献データによると，メチル基の置換した架橋に対して，H9 がシン，H9' がアンチである．H4 と H4' は AB 四重線（J＝約 18 Hz）で分裂したシグナルがさらに細かく分裂している．H4' のシグナルの一部は H10 と重なっている．C6 に結合した 2 個のメチル基の立体化学については，アルケンの磁気異方性（本編 p.139 参照）を考慮すると，低周波数側の C_8 がアルケンに対してシンであると考えられる．

問題 8・37 の解答

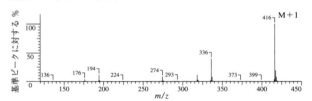

シリンドロスパモプシン（$C_{14}H_{21}N_5O_7S$，分子量 415）

MS（ES）（ES：エレクトロスプレーイオン化）では分子イオンピーク [M+1] は m/z 416 にあり，与えられた構造に一致する．構造式中の炭素の番号は，スペクトル中の番号に対応する．^{13}C には 14 本のシグナルがあり，分子中のすべての炭素が別々に観測されている．HMQC から，炭素とプロトンの相関は右下の表のようになる．この構造にはキラル炭素が 5 個あるので，CH_2 のプロトンはすべてジアステレオトピックであり，異なる化学シフトをもつ（H1 と H1'，H5 と H5'，H7 と H7'）．また，スペクトルは D_2O 中で測定されているため，交換可能な OH と NH プロトンは観測されない．

質量スペクトル（ES）

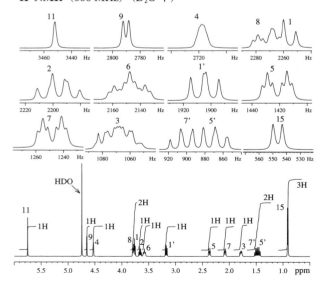

^{13}C NMR（150.9 MHz）

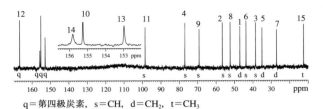

q＝第四級炭素，s＝CH，d＝CH_2，t＝CH_3

HMQC（600 MHz）

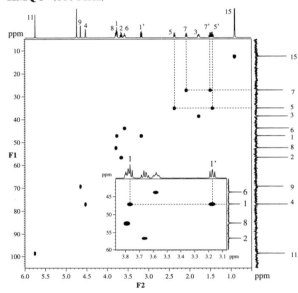

ジアステレオトピック CH_2 の相関のみ示す．

^{13}C	ppm	種類	^1H	ppm
C12	167	C		
C14（または C13）	155.8	C		
C10	155.2	C		
C13（または C14）	153	C		
C11	99	CH	H11	5.75(s)
C4	77	CH	H4	4.53(br)
C9	69	CH	H9	4.65(s)
C2	57	CH	H2	3.67
C8	52	CH	H8	3.80
C1	47	CH_2	H1	3.77
			H1'	3.17
C6	44	CH	H6	3.58
C3	38	CH	H3	1.78
C5	35	CH_2	H5	2.37
			H5'	1.46
C7	27	CH_2	H7	2.08
			H7'	1.50
C15	12	CH_3	H15	0.91(d)

構造式中に CH₃ 基は 1 個しかないので，そのシグナルは ¹³C では C15(12 ppm)，¹H では H15(0.91 ppm) である．COSY でこのシグナルから相関をたどると，H15-H3-H2-(H1, H1')，H3-H4-(H5, H5')-H6-(H7, H7')-H8-H9 となる．さらに H9 から H11 に弱い相関があり，これは遠隔カップリング $^4J_{HH}$ によるものである．これで，プロトンの連結関係はすべて明らかになった．¹H では，酸素置換基のα位のプロトン（H4, H9）は高周波数の 4.5～4.7 ppm に，窒素置換基のα位のプロトン（H1, H1', H2, H6, H8）は 3.1～3.8 ppm に現れる．最も高周波数のシグナル（5.7 ppm）はアルケンプロトン H11 のものである．シグナルは全般に複雑であり，カップリングを完全に説明することは難しい．たとえば，H5 と H5' はジアステレオトピックであり，ジェミナルカップリング（J = 13 Hz）で相互に分裂する．さらに H5 の各シグナルは，小さいカップリング定数（J = 2 Hz）で三重線に分裂し，H4 および H6 とゴーシュの関係（カープラスの式，3・13 節参照）にあることが考えられる．一方，他のピークと重なっているが，H5' のシグナルにはこのような小さい分裂は見られない．

残されているのは第四級炭素（C10, C12, C13, C14）の帰属である．HMBC では，C12 は H11(α) と，C10 は H8(β)，H9(α), H11(α) と相関がある．したがって，C12 は C11 の隣のカルボニル炭素，C10 は第四級のアルケン炭素に帰属することができる．C13 と C14 については，HMBC で相関が見られないので，帰属は明確ではない．

この化合物はシリンドロスパモプシンとよばれ，藍藻類が生産する毒性化合物である．

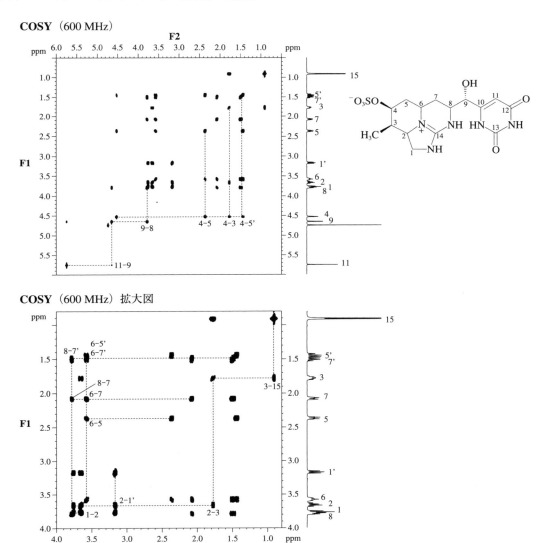

142

HMBC(600 MHz)

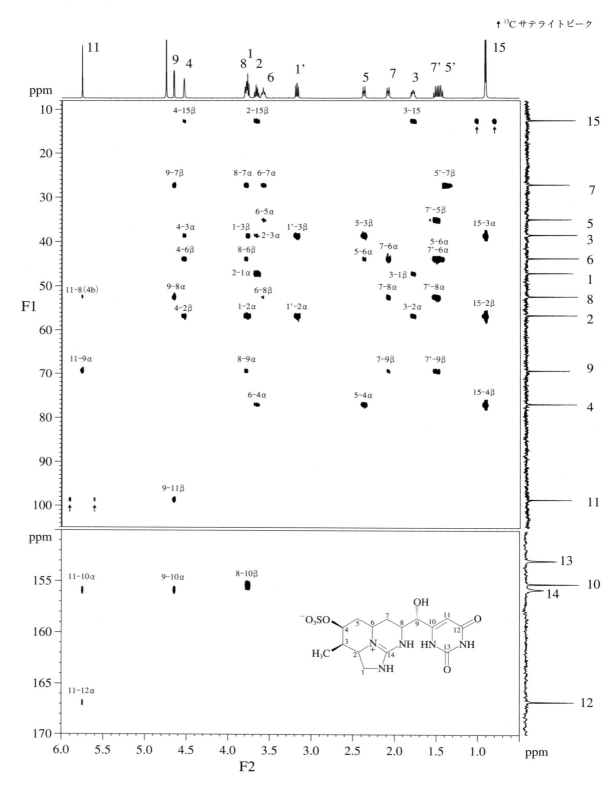

問題 8・38 の解答

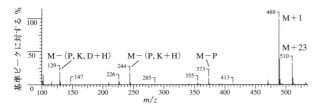

Ac-Ser-Asp-Lys-Pro (Ac-SDKP)
($C_{20}H_{33}N_5O_9$, 分子量 487)

この問題の化合物は N 末端側から,セリン (Ser, S),アスパラギン酸 (Asp, D),リシン (Lys, K),プロリン (Pro, P) が連結したテトラペプチド (SDKP) であり,N 末端はアセチル基 (Ac) をもつ.MS (ES) では分子イオンピーク [M+1] は m/z 488 に,さらに [M+23(Na)] が m/z 510 にある.ここでは,5・11 節で解説したペプチドの帰属法を参考にする.

^{1}H では,各シグナルの下にプロトン数が表示されている.この測定条件では,一部のシグナル(たとえば D2, K2)の強度比とプロトン数が比例していない.高周波数に現れる三つの二重線はペプチド結合の NH(隣接 CH とカップリング)によるものであり,この時点でどのアミノ酸によるものかわからない.2.1 ppm にある一重線 S5 は,アセチル基の CH_3 によるものである.

^{13}C における 171〜177 ppm の 5 本のシグナルは,5 個の C=O 基によるものである.構造中には 6 個の C=O 基があるので,2 本が重なっていると考えられる.また,21〜61 ppm に 14 本のシグナル($CH_3 \times 1$, $CH_2 \times 9$, $CH \times 4$) があり,21 ppm 付近の 2 本のシグナルは接近しているものの,脂肪族の炭素はすべて観測されている.ここで,S5 のシグナルはアセチル基の CH_3 によるものであり,HMQC の拡大図によっても確認できる.

次に,TOCSY から各アミノ酸残基内の連結関係を確かめる.高周波数にある 3 個の NH シグナルを見ると,8.6 ppm (DNH) からは 2 個,8.4 ppm (SNH) からは 2 個,8.2 ppm (KNH) からは 5 個の相関が見られる.アミノ酸の

質量スペクトル (ES)

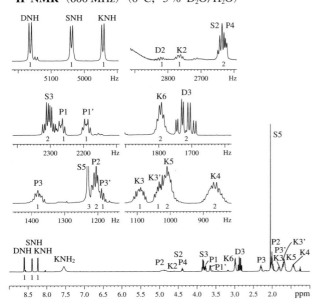

^{1}H NMR (600 MHz) (0 °C, 5% D_2O/H_2O)

^{13}C-DEPT NMR (150.9 MHz)

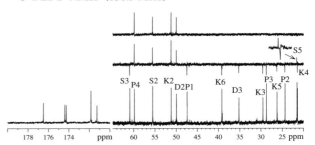

HMQC (600 MHz)

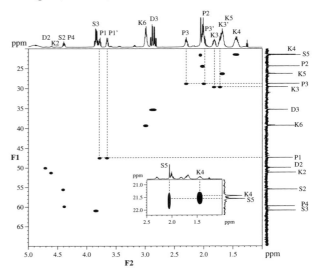

構造を考えると，5 個の相関をもつのはリシンだけであるので，KNH はリシンの NH である．あとの二つは相関の個数が同じであるので，3 章付録 I のアミノ酸の ^{1}H のデータから推定する．CH_2 の化学シフトに注目すると，一方は 2.8 ppm，他方は 3.8 ppm であり，それぞれアスパラギン酸（−COOH の α-CH_2），セリン（−OH の α-CH_2）となる．COSY の相関を各 NH のシグナルからたどっていくと，セリンでは SNH-S2(CH)-S3(CH_2)，アスパラギン酸では DNH-D2(CH)-D3(CH_2)，リシンでは KNH-K2(CH)-[K3, K3'(CH_2)]-K4(CH_2)-K5(CH_2)-KNH_2 の連結関係が決ま

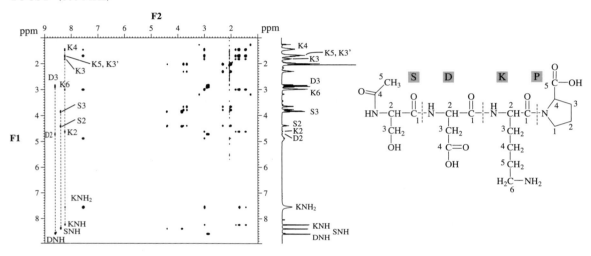

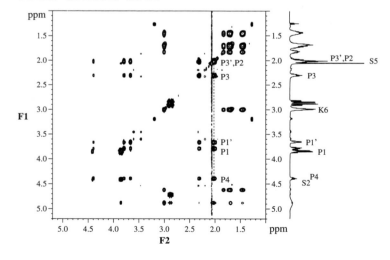

る．ここで，7.5 ppm の幅広いシグナルはリシンの NH₂ のものである．プロリン残基は NH をもたないが，**TOCSY** の拡大図を見ると，プロリンに属するシグナル（P1–P4）がわかり，**COSY** を注意深くたどると，最も高周波数の P4(CH) から [P3, P3'(CH₂)]–P2(CH₂)–[P1, P1'(CH₂)] と相関がつながる．CH₂ のプロトンはジアステレオピックであるため，化学シフト差が大きい場合がある（必要に応じて一方の記号に ' をつけて表示）．

アミノ酸残基の配列を決定するためには **HMBC** が有用であるが，この問題ではスペクトルが与えられていないの

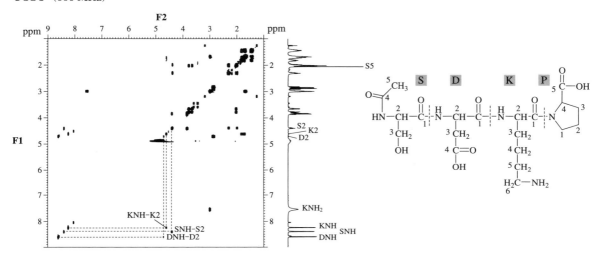

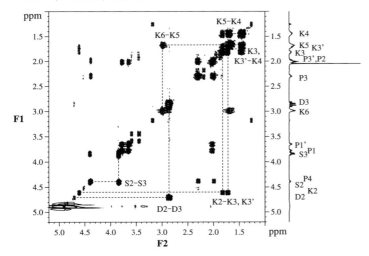

で，**ROESY**（空間的に近い原子核の相関がわかる）を用いる．DNH-S2 の相関は，アスパラギン酸の N 末端にセリンの C 末端が連結していることを示す．また，KNH-D2 の相関が見られ，リシン酸の N 末端にアスパラギン酸の C 末端が連結している．プロリンが C 末端であることをあわせると，この化合物は N 末端から S-D-K-P の順に配列していることを支持する．

これらの情報から，^{13}C における C=O シグナル（5 本）を帰属することはできない．これらのシグナルは，**HMBC** のスペクトルがあれば帰属できるはずである．

MS をよく見ると，m/z 373, 244, 129 にフラグメントイオンがある．これらはそれぞれ M−P，M−(P, K+H)，M−(P, K, D+H) のイオンに対応し，C 末端からアミノ酸残基が一つずつ取れていったフラグメントである．この結果もアミノ酸配列に矛盾しない．

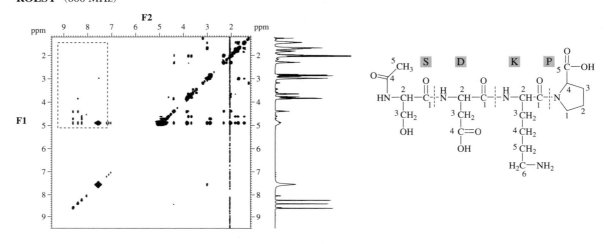

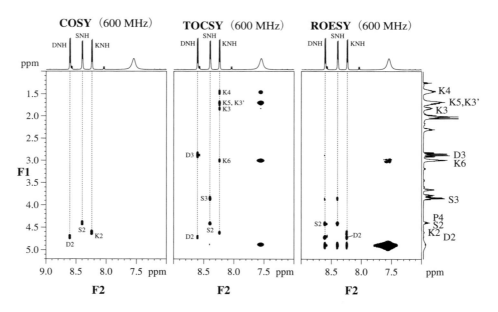

---

* ROESY における 5.0 ppm 付近の幅広いシグナルからの相関は，溶媒の H$_2$O のシグナルが関係したもので，無視してよい．

問題 8・39 の解答

2-アミノ-3-ホルミルクロモン（$C_{10}H_7NO_3$, 分子量 189）

MS では分子イオンピーク［M］は m/z 189 にある．分子量は奇数であり，窒素が 1 個存在することに一致する．**IR** では，3093 と 3240 cm^{-1} に第一級アミン（NH$_2$）の吸収がある．カルボニル領域には 2 本の吸収（1682, 1620 cm^{-1}）があり，低波数にシフトしているので共役アルデヒドまたは共役ケトンであることを示す．

^{13}C には 10 本のシグナルがあり，分子中のすべての炭素が別々に現れている．各シグナルの化学シフトおよび ^{1}H シグナルとの相関（HMQC から）を以下の表に示す．カルボニル領域にある C10（CH）はホルミル基の炭素，C3 はケトンの炭素のシグナルである．

^{13}C	ppm	種 類	^{1}H	ppm
C10	190	CH	H10	10.25(s)
C3	176	C		
C1	166	C		
C5	153	C		
C7	134	CH	H7	7.56(t)
C9	126	CH	H9	8.16(d)
C8	125	CH	H8	7.34(t)
C4	123	C		
C6	116	CH	H6	7.22(d)
C2	99	C		
			NH$_2$	9.9(br, 1H)
				5.8(br, 1H)

^{1}**H** には 4 種類の芳香族プロトンが観測され，多重度が低周波数側から d, t, t, d であることからオルト二置換ベンゼンであることを示す．**COSY** から，プロトンには H6-H7-H8-H9 の相関があり，H6（7.22 ppm）と H9（8.16 ppm）の二重線の化学シフトを比較すると，化学シフトが大きい後者がカルボニル基のオルト位に帰属できる（3 章付録 D・1 参照）．残された芳香族炭素は第四級の C4（123 ppm）と C5（153 ppm）であり，酸素が置換した芳香族炭素は非常に非遮蔽化されること（表 4・12 参照）から，それぞれ C=O および O に結合していることがわかる．この帰属は **HMBC**（$^2J_{CH}$, $^3J_{CH}$：2 または 3 結合を経由した C-H 相関を示す）でも確かめることができる（下図参照）．

質量スペクトル

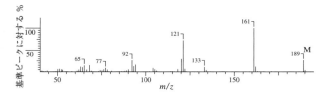

赤外スペクトル

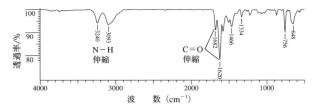

^{1}H NMR（600 MHz）

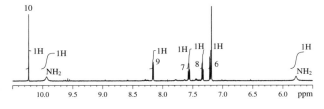

^{13}C-DEPT NMR（150.9 MHz）

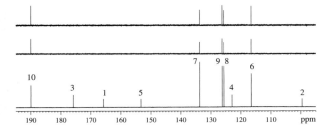

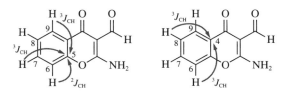

COSY（600 MHz）

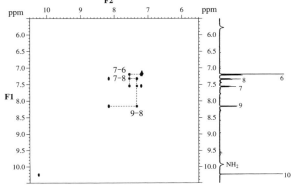

HMBC（600 MHz）

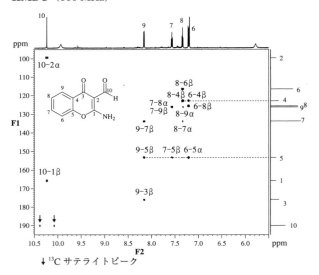

↓ ¹³C サテライトピーク

HMQC（600 MHz）

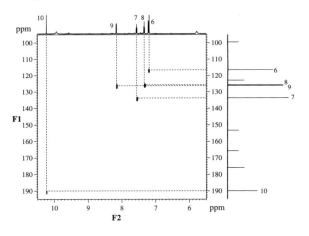

¹H-¹⁵N HSQC（600 MHz）

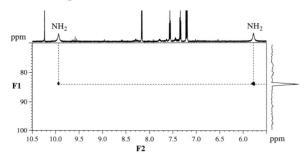

C5 からは H6(α), H7(β), H9(β) への相関が，C4 からは H6(β), H8(β) への相関が見られるが，すべての 2 結合と 3 結合の相関が観測されるのではないことに注意しよう．

残された炭素は C1 と C2 である．直感的には，電気陰性度の大きい 2 個の原子に結合している C1 が大きい化学シフトをもつと予想される．**HMBC** では，アルデヒド水素 H10 から C1 と C2 への相関（$^2J_{CH}$ または $^3J_{CH}$）があるので相関の有無だけからは帰属できない．スペクトルをよく見ると，H10-C2 の交差ピークは 2 点あり，これらの間に大きい J_{CH} があることを示す．アルデヒド水素は大きい $^2J_{CH}$ をもつ（表 4・2 参照）ので，99 ppm のシグナルが C2 に帰属できる．

¹H の二つの幅広いシグナル（9.9, 5.8 ppm）は，**HMQC** では炭素との相関を示さず，**HSQC** では ¹⁵N のシグナル（84 ppm）と相関を示す．したがって，これらの水素は 1 個の NH₂ 基によるもので，2 個の水素が別々に観測されている．これは，右図に示す共鳴により C-N 結合の回転が NMR の時間尺度に比べて遅くなっている（アミドの C-N 結合の束縛回転と類似，3・8・3・2 項参照）こと，一方の N-H がアルデヒドのカルボニル酸素と分子内で水素結合していることにより説明できる．ここでは，水素結合を受けた H が高周波数に大きくシフトする．

NH₂ 基と C=O 基が関与する共鳴式
（C-N 結合が部分二重結合性をもつ）

N-H⋯O 分子内水素結合

問題 8・40 の解答

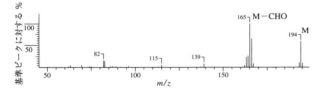

2-ホルミル-9H-フルオレン（$C_{14}H_{10}O$, 分子量 194）

MS では分子イオンピーク [M] は m/z 194 にある．フラグメントイオン m/z 165 は [M−CHO] の脱離によるものである．**IR** では，C=O 伸縮（1689 cm^{-1}）と芳香環 C═C 伸縮（1604, 1404 cm^{-1}）の吸収が見られ，2723 cm^{-1} の弱い吸収はアルデヒドの C−H 伸縮であると考えられる．

^{13}C には 14 本のシグナル（CH$_2$×1, CH×8, C×5）があり，分子中のすべての炭素が異なる化学シフトをもつ．化学シフトから，脂肪族領域のシグナル（37 ppm）は C12，C=O 領域のシグナル（192 ppm）はアルデヒドの C14 によるものである．**^{1}H** では，4.0 ppm に CH$_2$ のシグナル H12，10.1 ppm に CHO のシグナル H14 があり，これら以外の 7H 分は芳香族領域にある．**HMQC** から ^{1}H と ^{13}C を相関すると以下の表のようになる．

^{13}C	ppm	種類	^{1}H	ppm
C14	192	CH	H14	10.1(s)
C5	148	C		
C11	145	C		
C13	143.5	C		
C6	140	C		
C2	135	C		
C3	130	CH	H3	7.92(AB系)
C9	128.5	CH	H9	7.41(dt)
C8	127	CH	H8	7.44(t)
C1	126	CH	H1	8.06(s)
C10	125	CH	H10	7.60(d)
C7	121	CH	H7	7.88(d)
C4	120	CH	H4	7.92(AB系)
C12	37	CH$_2$	H12	4.0(s)

COSY では，芳香族領域のシグナルに H10-H9-H8-H7 の相関が見られる．メタカップリングを無視すると，これらのシグナルの多重度は d, t, t, d であり，オルト二置換ベンゼンの構造によるものである．また，8.06 ppm のシグナルはほぼ一重線であり，**COSY** ではどのシグナルとも相関していないことから隣接プロトンをもたない H1 のシグナルである．7.92 ppm の 2H 分のシグナルは一重線に見えるが，両脇に小さいシグナルがある．これは化学シフト差の非常に小さい AB 系であり，C3 と C4 に帰属できる．**COSY** では H1 と H10 から H12 に対して弱い相関が見られる．これは遠隔カップリング $^4J_{HH}$ によるもので，ベンジル位の関係が示唆される．この関係は，**HMBC** における 1-12（β）および 10-12（β）の交差ピークからもわかる．

残された問題は，H3 と H4，およびベンゼン環の第四級

質量スペクトル

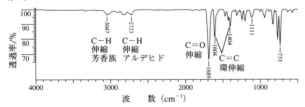

赤外スペクトル

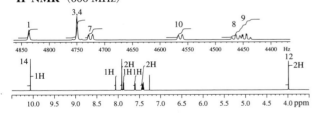

^{1}H NMR（600 MHz）

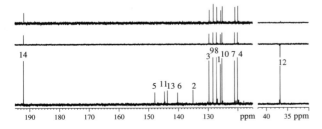

^{13}C-DEPT NMR（150.9 MHz）

COSY（600 MHz）

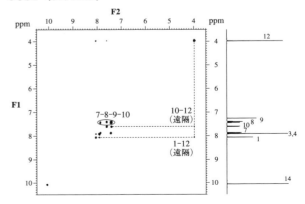

炭素の帰属であり，**HMBC** から連結関係を調べる．C2 は H3(α), H4(β)（H3 と H4 のシグナルは接近しているのでこれらの両方または一方，以下同様），H14(α) と相関し，このうち H14(α) との交差ピークは大きいカップリング定数により 2 個に分かれている [H1(α) との相関は見られない]．その他の第四級炭素の相関は以下のとおりである．

C5–H1(β), H3(β), H4(α), H12(β)
C6–H4(β), H8(β), H10(β), H12(β)
C11–H7(β), H9(β), H12(α)
C13–H4(β), H12(α)

これらの相関は構造と一致している．ただし，C13–H1(α), C6–H7(α), C5–H7(β) などの相関は現れていない．化学シフトが非常に近いため，どのスペクトルからも H3 と H4 の帰属は困難である．**HMQC** でこれらに相関している 120 ppm と 130 ppm のシグナルは **HMBC** から帰属でき，H14(β) に相関している後者が C3 である．

HMQC（600 MHz）

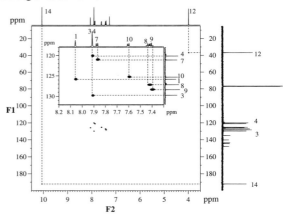

HMBC（600 MHz）

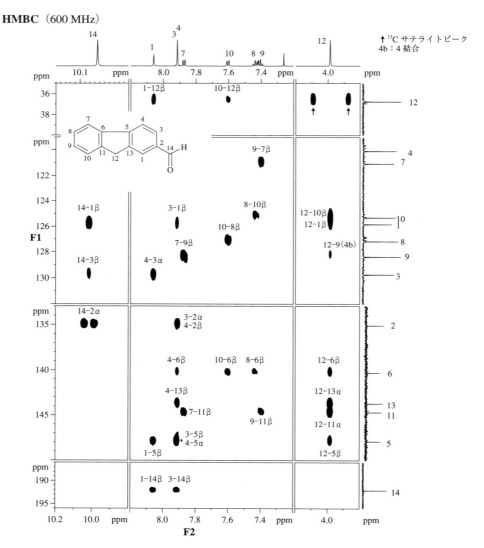

問題 8・41 の解答

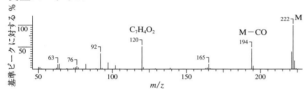

フラボン（2-フェニルクロモン）
（$C_{15}H_{10}O_2$, 分子量 222）

MS では分子イオンピーク [M] は m/z 222 にあり，分子式に一致する．m/z 194 のピークは [M−CO]，m/z 120 のピークは逆ディールス-アルダー反応で生成した $C_7H_4O_2$ によるものである．**IR** では C=O 伸縮（1643 cm^{-1}）の強い吸収があり，低波数であることから共役したカルボニル化合物である．これ以外に，C−O 伸縮（1126 cm^{-1}）が見られる．C−H 伸縮の領域では 3070 cm^{-1} だけに吸収があるので，脂肪族の C−H 結合はないと考えられる．

質量スペクトル

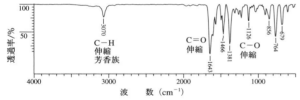

赤外スペクトル

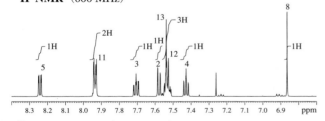

^1H NMR（600 MHz）

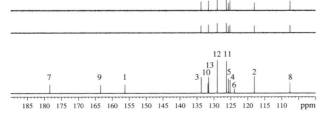

^{13}C-DEPT NMR（150.9 MHz）

HMQC（600 MHz）

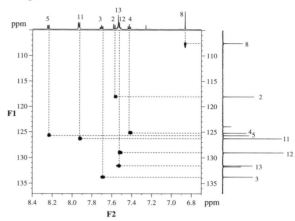

^1H では 6.8〜8.3 ppm に 10H 分のすべてのシグナルがあり，分子中のすべてのプロトンが芳香族およびアルケンのものであることを示す．^{13}C には 13 本のシグナル（CH×8，C×5）があり，分子式の炭素数より 2 本少ないので，部分的に対称な構造をもつ．C=O 領域には 178 ppm に 1 本のシグナルがあり，それ以外のシグナルは芳香族およびアルケンのものである．**HMQC** を解析すると ^1H と ^{13}C の相関は以下の表のようになる．

^{13}C	ppm	種 類	^1H	ppm
C7	178	C		
C9	163	C		
C1	156	C		
C3	134	CH	H3	7.71 (t)
C10	132	C		
C13	131.5	CH	H13	7.54 (m)
C12	129	CH	H12	7.53 (m, 2H)
C11	126.2	CH	H11	7.93 (d, 2H)
C5	126.0	CH	H5	8.24 (d)
C4	125.4	CH	H4	7.43 (t)
C6	124.0	C		
C2	118	CH	H2	7.88 (d)
C8	107.5	CH	H8	6.87 (s)

COSY では，H5-H4-H3-H2（H5-H3 の弱い交差ピークはメタカップリングによる）の相関がある．H5 と H2 の化学シフトを比較すると，より遮蔽された H5 が C=O 基のオルト位にあることが予想される．また，H11-H12, H13 の相関も見られるが，H12 と H13 は化学シフトが近いので個別の交差ピークは区別しにくい．H11 と H12 は CH のシグナルであり，積分比からそれぞれ 2H 分あるの

COSY（600 MHz）

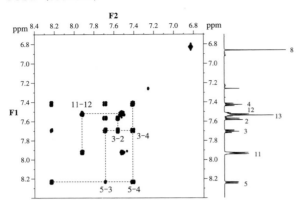

で，これらは一置換ベンゼンのオルト位とメタ位のHである．残されたH8(s)はアルケンプロトンのものである．

HMBCの相関から第四級炭素を帰属する．C1からはH2(α)，H3(β)，H4(4結合)，H5(β)に，C6からはH2(β)，H4(β)，H8(β)への相関が見られ，これらのうちH8への相関をもつC6がC=Oに結合した芳香族炭素である．ここでは，C6-H5(α)の相関は現れていない．C9からはH8(α)，H11(β)への，C10からはH8(β)，H12(β)への相関があり，この帰属を支持する．

HMBC（600 MHz）

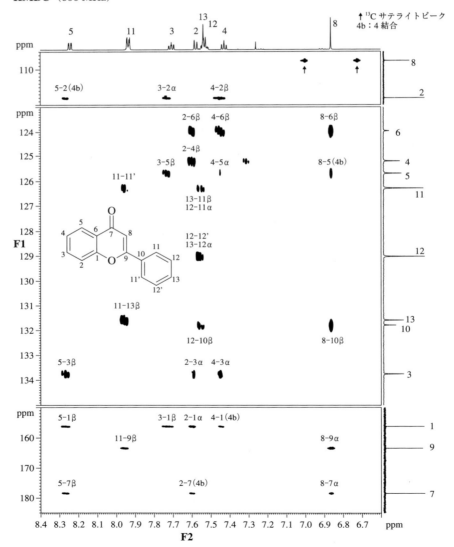

問題 8・42 の解答

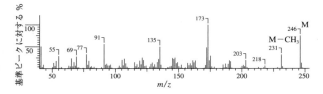

サントニン（$C_{15}H_{18}O_3$，分子量 246）

MS では分子イオンピーク [M] は m/z 246 にあり，分子式の $C_{15}H_{18}O_3$ に一致する．**IR** のおもな吸収は，C=O 伸縮（1782 と 1658 cm^{-1}），C=C 伸縮（1628 cm^{-1}）および C–O 伸縮（1134 cm^{-1}）である．分子中には 2 種類のカルボニル基があり，高波数の C=O 伸縮はラクトン，低波数のものはエノンに対応する．

^{13}C には 15 本のシグナル（CH$_3$×3，CH$_2$×2，CH×5，C×5）があり，分子中の炭素はすべて別々に観測されている．これらのプロトン数を加えると 18 個となり，すべての H は C に結合している．**HMQC** を解析すると ^{1}H と ^{13}C の相関は以下の表のようになる．3 個のメチル基のうち，^{1}H が二重線であるものが H13（^{1}H：1.28 ppm，^{13}C：

^{13}C	ppm	種 類	^{1}H	ppm
C9	186	C		
C1	177	C		
C7	154	CH	H7	6.70 (d)
C11	151	C		
C10	128.5	C		
C8	126	CH	H8	6.27 (d)
C12	81.5	CH	H12	4.81 (dq)
C3	53	CH	H3	1.82 (dq)
C6	41.3	C		
C2	41.0	CH	H2	2.43 (dq)
C5	38	CH$_2$	H5	1.92 (m)
			H5'	1.53 (dt)
C14	25	CH$_3$	H14	1.34 (s)
C4	23	CH$_2$	H4	2.03 (m)
			H4'	1.70 (dq)
C13	12.5	CH$_3$	H13	1.28 (d)
C15	10.5	CH$_3$	H15	2.13 (s)

質量スペクトル

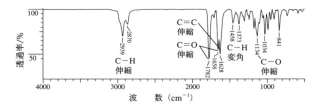

赤外スペクトル

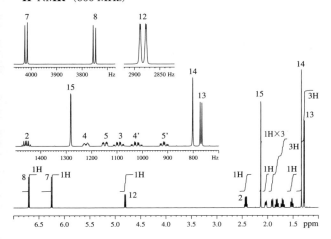

^{1}H NMR （600 MHz）

^{13}C-DEPT NMR （150.9 MHz）

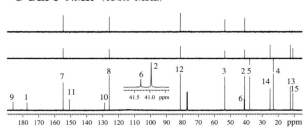

HMQC （600 MHz）

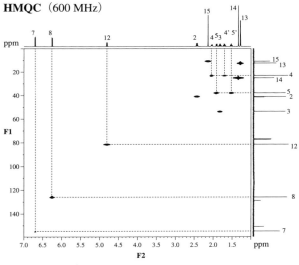

12.5 ppm）である．化学シフトから，酸素に結合したH12，アルケンの2個のH7, H8が帰属できる．この化合物はキラル炭素を含むので，C4とC5のCH$_2$はそれぞれジアステレオトピックであり，それぞれ異なる化学シフトをもつ．エノンのアルケン部の帰属は，2-シクロヘキセノンのデータ（3章付録表D・2と表4・10参照）を参考にすると，^{1}Hと^{13}Cとも化学シフトが小さいものがカルボニル基に結合したC8のCHとなる．

COSYの全体図では，2個のアルケンプロトン間の相関H7-H8がわかる．また，拡大図から，H13-H2-H3-(H4, H4')-(H5, H5')，H4-H4' およびH5-H5' の相関がわかる．これで，ラクトン環およびそれに縮合した六員環の連結関係が決まった．

HMBCから第四級炭素およびメチル基を帰属する．C1からはH2(α), H13(β)に相関があり，C1はラクトンのC=O炭素であることがわかる．C9からはH8(α), H7(β), H15(β)に相関があり，C9はエノンのC=O炭素であることがわかる．^{1}Hシグナルが一重線のメチル基のうち，H5, 5'(α), H7(β), H8(4結合)に相関があるC14は橋頭位のメチル基である．また，C15からはH8(4結合)の相関しかないが，H15からはC9(β), C10(α), C11(β), C12(4結合)への相関がある．化学シフトの傾向から，残りの第四級のアルケン炭素（129, 151 ppm）は，低周波数側がC10，高周波数側がC11と予想される．この帰属は**HMBC**からも確かめることができ，C10からはH15(α)などへの相関が，C11からはH12(α), H14(β)などへの相関がある．残された41.3 ppmの第四級炭素はC6によるものである．

これで，立体化学を除いてすべてのシグナルが帰属できた．^{1}Hシグナルのカップリングについて説明を追加する．H12は$J = 11$ Hzで分裂した二重線がさらに細かく分裂している．大きい分裂はH3とのカップリングによるもので，ビシクロ環の橋頭位どうしのH-C-C-Hのねじれ角が180°に近いことを示す．小さい分裂はH15のメチル基による遠隔カップリングであり（**COSY**にも弱い相関あり），H15のシグナルはやや幅広くなっている．H3は四重線（$J = 12$ Hz）がさらに二重線（$J = 3$ Hz）で分裂している．橋頭位の立体化学を考慮すると，アンチの関係にあるH2, H12, H4'とは大きく分裂し，ゴーシュの関係にあるH4とは小さく分裂していることが考えられる．C4とC5に結合したCH$_2$はそれぞれジアステレオトピックであるため，ジェミナルカップリング^2Jも加わり複雑なシグナルになる．

COSY（600 MHz）

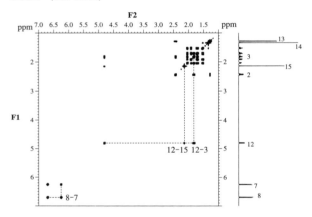

COSY（600 MHz）拡大図

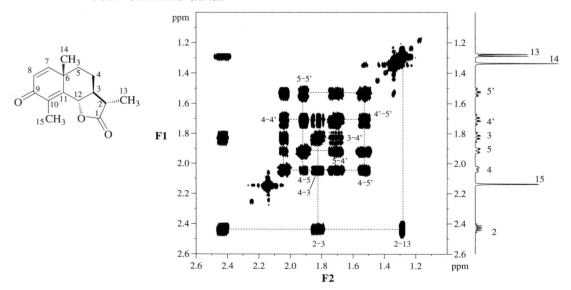

8章演習問題の解答

HMBC (600 MHz)

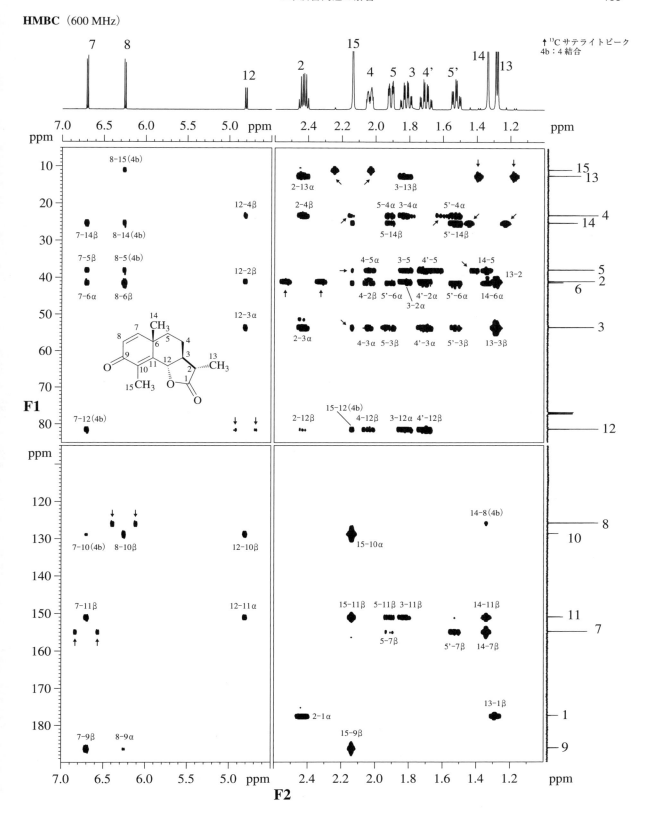

問題 8・43 の解答

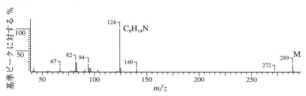

アトロピン（$C_{17}H_{23}NO_3$, 分子量 289）

MS では分子イオンピーク [M] は m/z 289 にあり、分子式に一致する. 基準ピークである m/z 124 は、O–C7 結合の開裂で生じる安定なフラグメントイオンを示す. 窒素を 1 個含むため整数分子量は奇数であり、HID は 7 である. **IR** では、幅広い O–H 伸縮（3263 cm^{-1}）、C=O 伸縮（1728 cm^{-1}）、C–O 伸縮（1026 cm^{-1}）の吸収が特徴的であり、ヒドロキシ基とカルボニル基が含まれることがわかる. また、N–H 伸縮の吸収はなさそうなので、N に H は結合していない.

^{13}C では 15 本のシグナル（CH$_3$×1, CH$_2$×5, CH×7, C×2）が見られ、分子式中の炭素数より少ないので、等価な炭素の組をもつ. シグナルは、C=O 領域に 1 本, 芳香族領域に 4 本, 脂肪族領域に 10 本ある. ^{1}H には 22H 分のシグナル（芳香族領域に 5H, 3.5～5.0 ppm の領域に 6H, 1.0～2.7 ppm に 11H）が現れ、残りの OH 基（1H）のシグナルは重水との交換により消失している. **HMQC** を解析すると ^{1}H と ^{13}C の相関は次ページの表のようになる. シグナルの重複が多いため、交差ピークが読み取りにくい場合がある.

構造式中にあるメチル基は 1 個だけなので、C14 が窒素に結合したメチル基である. 芳香族領域にある 4 本の ^{13}C シグナルおよびそれらに結合したプロトン数（5H）から、

質量スペクトル

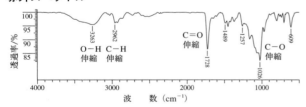

赤外スペクトル

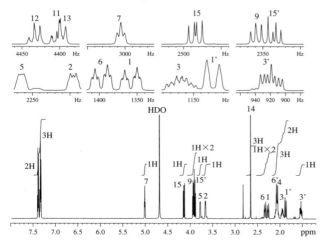

^{1}H NMR（600 MHz）（D$_2$O 中）

^{13}C-DEPT NMR（150.9 MHz）

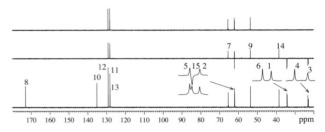

HMQC（600 MHz）

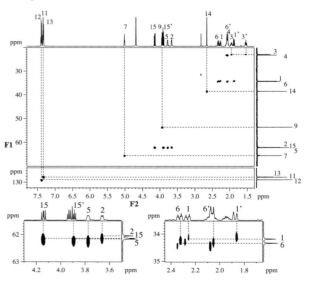

8章演習問題の解答

^{13}C	ppm	種類	^1H	ppm
C8	173	C		
C10	135	C		
C12	129	CH	H12	7.38(t, 2H)
C11	128*	CH	H11	7.33
C13	128*	CH	H13	7.33
C7	65	CH_2	H7	6.01
C5	61.5*	CH	H5	3.77
C15	61.5*	CH_2	H15	4.14
			H15'	3.89
C2	61.5*	CH	H2	3.66
C9	53.5	CH	H9	3.93
C14	38.5	CH_3	H14	2.66
C6	34*	CH_2	H6	2.33
			H6'	2.06
C1	34*	CH_2	H1	2.26
			H1'	1.87
C4	23*	CH_2	H4	2.06(2H)
C3	23*	CH_2	H3	1.94
			H3'	1.53

* 非常に接近しているが，それぞれ別々のシグナルである．

一置換ベンゼンの存在がわかる．^1H の 7.38 ppm の三重線 H12 はメタ位の 2H 分のプロトンのものであり，オルト位のシグナル H11(2H) とパラ位のシグナル H13(1H) のシグナルはほぼ重なっている．

COSY では，H15, H15' と H9 の間に相互の相関があり，これらは孤立したスピン系 ABC である．C9 がキラル中心であるので，C15 に結合した 2 個のプロトン H15 と H15' はジアステレオトピックである．ビシクロ環のプロトンは高周波数の H7 から相関をたどっていく．このとき，C1, C3, C4, C6 に結合した各 CH_2 プロトンはジアステレオトピックであり，ねじれ角によってはビシナルのカップリング定数 $^3J_{HH}$ が非常に小さい（すなわち交差ピークが現れにくい）ことに注意しよう．H7 から出発すると，H7-H1-H2-H3-H4 と H7-H6-H5-H4 の相関がある．ジアステレオトピックプロトン間の相関 H1-H1'，H3-H3'，H6-H6' も見られる．ここで，H4(2H) 分と H6' はシグナルが重なっているため，明確に区別することはできない．

HMBC では，C9 から H15(α), 15'(α), H11(β) に相関があり，エステルのカルボン酸部の連結性，および C11 がベンゼン環のオルト位であることが確認できる．C8 のカルボニル炭素からは H7(β) に相関があり，これはエステルの連結を確認する証拠である．

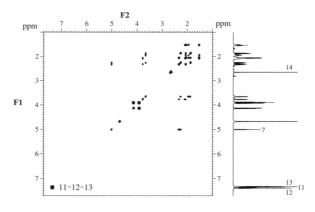

COSY（600 MHz）

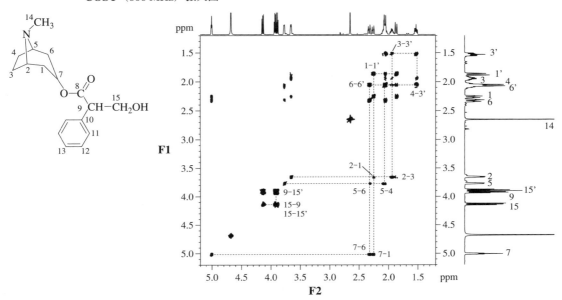

COSY（600 MHz）拡大図

ビシクロ[3.2.1]オクタン骨格には対称面があるように見えるが，この化合物にはキラル炭素 C9 があるため，C1/C6，C2/C5，C3/C4 の各組はそれぞれジアステレオトピックであり，差はそれほど大きくないが異なる化学シフトをもつ．

ビシクロ骨格は環構造が固定されているため，ビシナルカップリング $^3J_{HH}$ はねじれ角によって小さくなることがある．たとえば，H7 は H1 および H6 とカップリングして三重線（$J=6$ Hz）となり，H1' と H6' とはほとんどカップリングしていない．ここでは，H7 と H1' および H7 と H6' のねじれ角がほぼ 90° になっていることが予想される．また，H1' は H1 と $^2J=$ 約 17 Hz でたがいに分裂し，H2 や H7 とのカップリング定数は小さい．

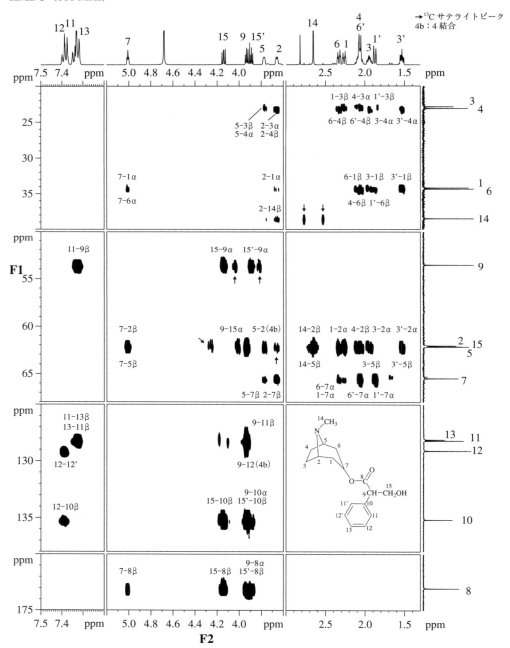

岩　澤　伸　治
いわ　さわ　のぶ　はる
1957 年 神奈川県に生まれる
1984 年 東京大学大学院理学系研究科博士課程 修了
現 東京工業大学理学院 教授
専攻 有機合成化学, 有機金属化学
理 学 博 士

豊　田　真　司
とよ　た　しん　じ
1964 年 香川県に生まれる
1988 年 東京大学大学院理学系研究科修士課程 修了
現 東京工業大学理学院 教授
専攻 物理有機化学, 構造有機化学
博士 (理学)

村　田　　滋
むら　た　しげる
1956 年 長野県に生まれる
1981 年 東京大学大学院理学系研究科修士課程 修了
現 東京大学大学院総合文化研究科 教授
専攻 有機光化学, 有機反応化学
理 学 博 士

有機化合物の
スペクトルによる同定法 演習編
(第 8 版)

第 1 版 第 1 刷 1969 年 12 月 1 日 発行
第 3 版 第 1 刷 1977 年 2 月 21 日 発行
第 4 版 第 1 刷 1984 年 5 月 1 日 発行
第 5 版 第 1 刷 1994 年 3 月 15 日 発行
第 6 版 第 1 刷 2000 年 5 月 15 日 発行
第 8 版 第 1 刷 2018 年 2 月 5 日 発行

© 2 0 1 8

著　者　　岩　澤　伸　治
　　　　　豊　田　真　司
　　　　　村　田　　　滋

発行者　　小　澤　美奈子

発　行　　株式会社 東京化学同人
東京都文京区千石 3-36-7 (〒112-0011)
電話 03-3946-5311・FAX 03-3946-5317
URL：http://www.tkd-pbl.com/

印　刷　　中央印刷株式会社
製　本　　株式会社 松岳社

ISBN978-4-8079-0923-0　Printed in Japan
無断転載および複製物 (コピー, 電子
データなど) の配布, 配信を禁じます.

有機化合物の
スペクトルによる同定法
MS, IR, NMR の併用（第8版）

R. M. Silverstein・F. X. Webster ほか 著
岩澤伸治・豊田真司・村田 滋 訳
B5変型判　456ページ　定価: 本体4600円+税

世界的に高い評価を確立したロングセラーの教科書の最新改訂版．最近の10年の進展に合わせて大幅な見直しが行われた．構造決定に際して有用な新しい知識が随所に盛り込まれ，用語や内容も更新された．

有機スペクトル解析
ワークブック

T. Forrest・J-P. Rabine・M. Rouillard 著
石橋正己 訳
B5判　カラー　264ページ　定価: 本体3000円+税

有機化合物のIR, NMR, MSスペクトルデータから，その構造決定法を習得する演習書．各演習問題には，4種類のスペクトルチャートに加えて，各スペクトルの解析法の詳細や化合物の構造の導き方に関する説明が記載されている．スペクトルを解析するにつれて，構造が明らかになったところから少しずつ構造式を描いていくことができるように配慮されている．巻末には各種スペクトルのデータ集を収録．全100問．

基礎から学ぶ
有機化合物のスペクトル解析

小川桂一郎・榊原和久・村田 滋 著
B5判 2色刷 192ページ 定価：本体2700円+税

有機化合物の構造を機器分析により決定する手法を初めて学ぶ大学教養課程，理科系専門課程の学生を対象に，IR, UV, NMR, 質量分析に関する基礎的な事項をまとめた教科書．

演習で学ぶ
有機化合物のスペクトル解析

横山 泰・廣田 洋・石原晋次 著
B5判 194ページ 定価：本体2800円+税

機器分析を学ぶ大学・高専の高学年生や，有機化学分野に携わる大学院生向演習書．質量分析法，核磁気共鳴法，赤外分光法から得られる情報を総合して，その試料の構造決定を行う訓練を積めるように配慮．